性格修正

Personality *Isn't* Permanent
Break Free from Self-Limiting Beliefs and Rewrite Your Story

如何突破你的原生性格

[美]本杰明·哈迪（Benjamin Hardy）——著
姜昊骞——译

新华出版社

图书在版编目（CIP）数据

性格修正：如何突破你的原生性格/（美）本杰明·哈迪著；姜昊骞译.
— 北京：新华出版社，2021.10
书名原文：Personality Isn't Permanent
ISBN 978-7-5166-6054-6

Ⅰ.①性… Ⅱ.①本…②姜… Ⅲ.①性格-培养-研究 Ⅳ.①B848.6

中国版本图书馆CIP数据核字（2021）第195839号

著作权合同登记号：01-2021-5252

All rights reserved including the right of reproduction in whole or in part in any form. This edition published by arrangement with Portfolio, an imprint of Penguin Publishing Group, division of Penguin Random House LLC.

性格修正：如何突破你的原生性格

作　　者：[美]本杰明·哈迪	译　者：姜昊骞
出 版 人：匡乐成	特约策划：巴别塔文化
责任编辑：高映霞	特约编辑：董　桃
责任校对：刘保利	封面设计：刘　哲

出版发行：新华出版社
地　　址：北京市石景山区京原路8号　　邮　编：100040
网　　址：http://www.xinhuapub.com
经　　销：新华书店、新华出版社天猫旗舰店、京东旗舰店及各大网店
购书热线：010-63077122　　中国新闻书店购书热线：010-63072012

照　排：胡凤翼			
印　刷：天津光之彩印刷有限公司			
成品尺寸：145mm×210mm　32开			
印　张：9		字　数：157千字	
版　次：2021年11月第一版		印　次：2023年1月第三次印刷	
书　号：ISBN 978-7-5166-6054-6			
定　价：58.00元			

版权专有，侵权必究。如有质量问题，请与出版社联系调换：010-63077124

献给劳伦

感谢你在我前途无望时选择我,一直不离不弃。
其实现在前途也不大。
我永远爱你。
愿我们的未来总比过去更光明一些。

目录

导言 性格测试险些毁了我的人生 / 01

你的性格并非由过去决定 / 10

我是如何从性格局限中走出来的 / 14

PART 第一部分
如何正确认识性格

第一章 性格的误解 五种流行的错误观点 003

- 014　误解一：性格以"类型"区分
- 025　误解二：性格是内在和固定的
- 031　误解三：性格来自过往经历
- 043　误解四：性格只能被"找到"
- 052　误解五：性格是"本真的"自我
- 056　本章结语

第二章 性格的真相
基于目标,创造理想性格 — 057

- 067 目标塑造身份认同、形成性格
- 072 目标的三个根本来源
- 083 根据目标,刻意设计身份认同
- 086 你只需要唯一的核心目标
- 090 始终牢记并坚持核心目标
- 094 早睡一小时:避开晚间低效率陷阱
- 096 早起一小时:高效进入巅峰状态
- 100 写日记:内化并清晰化你的目标
- 105 相信的力量:与未来的自己对话
- 108 本章结语

PART 第二部分
性格塑造的四大影响因素

转化创伤
重塑性格，不让过去决定未来

113 **第三章**

- 117 创伤，使你的人生充满局限
- 122 性格不应成为创伤的副产物
- 125 释怀过去，增强心态灵活性
- 127 共情见证者：转化创伤的最佳方法
- 138 重建信任，成为身边人的共情见证者
- 141 本章结语

改写你的故事
创造新的身份认同

143 **第四章**

- 149 做好情绪调控，用故事创造"意义"
- 160 你的过去由你"创造"
- 162 由"缺"转向"得"，重构你的叙事
- 175 用未来视角塑造身份认同
- 187 本章结语

第五章 提升潜意识
控制潜在驱动力
189

- 198　记忆是物理性的，身体是情绪性的
- 204　提升潜意识方法一：断食
- 206　提升潜意识方法二：定期做慈善
- 210　本章结语

第六章 重塑环境
让所在环境与你的目标一致
211

- 214　情境塑造角色：角色塑造身份认同与机体
- 221　记忆策略：针对目标，进行选择性记忆
- 226　忽视策略：学着对你的关注点做减法
- 232　约束情形：逼自己一把，才能看到更多潜能
- 237　本章结语

结语　拥抱未来，改变过去 / 239
　　　现在该你了 / 246

致谢 / 249

画永远不会完成——只是停在了有趣的地方。

——保罗·加德纳(Paul Gardner)

导 言

性格测试险些毁了我的人生

因为一个性格测试,我的妻子——这个世界上我最爱的女人(我们还有五个优秀的孩子)——险些没跟我结婚。

在上大学时,我们身边特别流行"色彩密码性格测试"(the Color Code)。它将人分成四种颜色:"红色"人积极进取,雄心勃勃,注重自身利益;"蓝色"人关注内心,注重人际关系;"白色"人善于内省,常常偏消极;"黄色"人喜欢追求快乐,也会带给他人欢乐。

劳伦是"红色"人,所以当发现我是"白色"人时,她的家人都非常担心。劳伦的前夫是个自私的家暴男,也是"红色"人。她父母从她对我的兴趣推测,觉得她可能是矫枉过正,也可能是因为先前的婚姻经历而变得过分谨慎。

与许多其他笃信性格测试的人一样,劳伦的家人认为色彩密码有一定合理性和真实性。他们通过测试来将人划定为四种类型中的一种。

他们真的担心"红女白男，阴盛阳衰"。"她需要一个真爷们儿，而不是一个'白色'男人。"

她也有同样的顾虑——"红色"女人真的能搭配"白色"男人吗？"白色"男人晋升机会少、耳根子软。他们是梦想家，但却很少能坚持完成长远目标。

幸运的是，劳伦给了我一次机会，并开始逐渐了解我。交往后，我们的关系很好，于是她不顾自己对"白色"男人的偏见和父母最初的顾虑，突破了固有信念。

现在，我和劳伦婚姻幸福，育有五个孩子，两人接受了共14年的正规心理学教育，对这些往事只是付之一笑了。但事实仍旧是事实——**性格测试险些毁了我们共同的人生**。

被性格测试误判或因此受到不公正对待的人绝不止我一个人。事实上，你可能也会深受这种"流行病"的祸害。色彩密码只是当代文化中无数流行"性格"体系中的一种，其他"罪犯"还包括迈尔斯-布里格斯性格类型指标（the Myers-Briggs Type Indicator）、DISC评测、温斯洛性格测试（the Winslow Personality Test）、NEO、HEXACO、伯乐门（Birkman）测试、九型人格（Enneagram）、罗夏墨迹

导　言　性格测试险些毁了我的人生

（Inkblot）测验等等。[1]

我现在还可以往下列举，而且列举不完，并且以后也列举不完。几乎每天都有几百种新测验被发明出来。

人们对"性格"的迷恋已经达到了荒唐的地步，以至于 2019 年脸书不得不禁掉了性格测试和其他"无用"应用。而在这之前，为了得到性格测验答案而交出个人信息的用户数量已经突破了 8700 万。

性格测试可能有趣、好玩、令人愉悦，这没错。但是，性格测试也有现实的阴暗面以及一整套"性格"概念，而这套概念包含着限制（有时更是**毁掉**）无数人生活的东西。

人们的主流观点是"你的性格就是真实的、真正的你"。你的性格是"固有"的，大多数情况下是**不可改变**的。于是，你作为人的任务就是收集足够多的信息和经验——也就是找到合适的性格测试——从而充分"发现"你的"隐藏"性格。

一旦完成了这项无比重要的发现，你接下来就可以围绕这个性格来构建自己的整个人生。这种人生未必是你为自己做出的选择，而是与生俱来的，是命中注定。除却这些，都

---

[1] 这些都是比较流行的性格测试，其中以迈尔斯-布里格斯性格类型指标（简称"MBTI"）与 DISC 评测最为流行。但近年来，这类测试因为模糊笼统、主要依赖参与者内省的自我评估而缺乏客观性等因素，在心理学界饱受争议。——编者注

是灾难、痛苦和幻想。

这一切贯穿着一个隐含的假定：**你是怎样一个人，是天生的，而且你无法改变它。**

但事实上，几乎每个人都想改变自己的性格。伊利诺伊大学的最新研究证明了这一点。报告中，90% 以上的人声称对自己性格的某些方面甚至整个性格不满意，并想要换成更好的性格。

尽管人们有意做出改变，但他们却一直被引导着去相信自己无从改变。许多流行的心理学流派也都主张个性是固有的、不可改变的和确定的。

性格之所以被认为是固定的，是因为心理学家通常极其重视和强调过去。许多性格理论的核心论点是，**过去是预测未来最重要的因素。**它源于常见的"因果决定论"（causal determinism），即万事万物的发生或存在都是由先前的状况或事件导致的。按照这种看法，人是由先前的事件**导致**（cause）的，就像多米诺骨牌接连倒下一样。

"导致"在这里是一个极端的用法：不是"影响"（influence）或"引导"（guide），就是"导致"。被过去"导致"意味着你在"自己是谁""可以做什么"的问题上没有选择权或可能性；你不得不接受注定的性格，不管它是什么；现在的你不过是被你过去的经历推倒的一块"骨牌"；你不

导　言　性格测试险些毁了我的人生

能改变过去，只能**发现**和更好地理解自己**真正**是怎样的一个人，以及为什么是这样一个人。

这就是为什么人们会试图发现或者"找到"自我、寻找"自己"是谁。而且，对大多数人来说，设想并创造自身和个性的观念简直像魔法一样荒唐。

但非这样不可吗？你的性格真的是固定不变的吗？

不，不是的。有大量证据，尤其是新发现的证据证明了这一点。

如果你曾尝试对人生做出重大改变，却有被困住或泄气的感觉，这本书恰好就是写给你的。本书的主张是"性格"**无关紧要**。更重要的是，性格并**不是**你作为一个人最根本的方面。相反，性格是**表层**的、易变的，是某种深刻得多的事物的副产物。

人最根本的方面是要有做出选择并坚持选择的能力。这种能力就是维克托·弗兰克尔（Viktor Frankl）所说的人类的终极自由，"选择自己的道路"。选择自己的道路至少有两层关键内涵：决定为你希望发生的事情做什么以及选择如何回应已经发生的事情。人之为人，就在于选择自己的道路——你越能把握自己的决策，你的人生和成就会越受你的控制。

做决定和"选择自己的道路"未必轻松。你做选择的能

性格修正

力会受到一些因素的制约和严重影响,其中最重要的两个因素是社会文化环境和个人情绪素养。情绪方面的修养越高,受过往经历和外在环境的限制就越少。

你将不再是固定的人,而会成为**灵活的人**。你不再逃避或压抑情绪,而是会接纳情绪,并通过情绪实现自身的转变。

你会勇敢追求自己真正想要的人生——不管这在现在的你或身边的人看来是多么"不可思议"或多么困难。你将要应对一路上遇到的任何情绪、教训或挣扎。经验教训会让你实现人生的转变。你的境遇也会随之变化。

从这一刻起,你可以把愚蠢的性格测试和"性格类型"忘掉,自己决定自己是怎样的人,以及要变成怎样的人。

要成为怎样的人是一个选择题,它是**只有你**才能做出的选择。J. K. 罗琳的《哈利·波特》系列小说中的智慧巫师阿不思·邓布利多就懂得这一点。当哈利·波特向他求教,想要弄明白"分院帽"(Sorting Hat)为什么建议他加入斯莱特林(Slytherin)学院时,邓布利多解释道:"哈利,是选择而非能力显示了真正的我们是怎样的人。"

哈利·波特并不是"天生"的格兰芬多(Gryffindor)学院人。他没有格兰芬多学院人的固有性格。加入格兰芬多学院是他的选择,这个选择和随之而来的经历塑造了他的性格。

导　言　性格测试险些毁了我的人生

尽管邓布利多是虚构人物，但他的教导却是认识性格真相的关键。你会成为你选择成为的人。然而，**完全地选择**自己是怎样的人和将要成为怎样的人的人是很稀有的。我们一直被洗脑去相信我们自己对这些无从选择。而且，选择自身道路的责任与自由确实会令人生畏。

正是因为惧怕和风险，许多人更想听从"分院帽"的指示，让它来决定自己的命运。许多人将自己的决定、潜能和身份认同委于外物也是出于同样的原因。有一个可以退回去的"盒子"会大大减轻情绪的压力——"对呀，我现在觉得不舒服，它肯定不适合我"，哪怕"盒子"会限制你的自由、眼界和创造力。

创新是有风险的。你必然会遭受挫折，也必须要有勇气——在这条路上你很可能会犯错和失败。创造力和勇气并不会确保成功。另外，创造力是难测的，可能会把你带到意料之外的地方。大部分人都觉得自己年纪越大创造力越弱，也就不足为怪了，因为我们都希望事情是稳定且可预测的。我们宁愿别人告诉我们能做（和**不能做**）什么，也不想承担**创造自我**和自身经历的风险，这也不足为怪。

一旦决定了自己要成为怎样的人、会过怎样的人生，你就可以拥有你真正想要的一切。你可以成为一个"异类"。你可以拥有让他人震惊，也让你自己震惊的经历。"这真的发生在我的身上了吗？"会成为你的家常便饭。

没错，这真的发生在了你的身上。很神奇，对吧？

你在前进，行事果断，心怀目标。你不再让往事约束自己。你能够洞悉自己内心所想，并将这些思考徐徐展开、付诸实践，你对自己的这一能力愈发自信。你会发现自己的身边都是创造人生、设计人生的人，而不再是因循守旧、消极保守的人。

你不必因为别人口中的"你能拥有什么"或"要达到什么状态"而限制住自己。不管是想更自信、更有创造力，还是想更外向、更有条理性，你都能做到。即使现在胆子小，但却想成为有力量、有胆量、鼓舞人心的领导者，你同样能做到。

我的朋友斯泰茜·萨蒙告诉我，她是在13岁那年上主日学校时学到这条真理的。斯泰茜小时候羞涩、怯懦、笨拙。那天老师跟学生们讲，他们都能成为自己想成为的人，他们都能养成在别人身上看到的好品质。

斯泰茜将其铭记在心，从那以后与人交往便不再害羞。在社交场合，她不再躲在父母身后；有人问她事情时，她不再为了不被注意到而笨拙地打哈欠。在那以后的20多年里，她一直努力磨炼技艺，向他人学习，提升自身修养。现在，35岁的她仍然在努力成长和学习，不断增加自己欣赏的品质。她不再是那个害羞的小女孩，而是一个自信满满的女人。

这才是性格的真相。性格不是固有的，而是养成的。性格可以变，也确实会变。人可以，也应当选择和设计自身性格。选择自己的道路是人生的一大目标，但选择不免会让人生畏，因为它是需要人承担后果的。于是，人们回避做决定，没能选择自己的道路，并制约了自己成长、学习和改变的能力。

成就大事的人必定要经历一番脱胎换骨。他们必须找到新的目标，然后让自己相信新目标是可能达成的。他们必须勇猛精进，超越当下的性格与境遇，最终成其事，立其身。

外人可能会将这样的大功绩或影响力看作"异事"或"奇事"，但如果你去问当事人，他们会说自己很平凡，他们创造的人生的关键只在于选择。

成为新人必须有新目标——一个值得追求的目标。目标正是你磨炼品质、提升技能，并潜心布局、改头换面的原因所在。若无有意义的目标，尝试改变就没有意义。需要动用无以为继的意志力最终将会导致失败。

性格修正

你的性格并非由过去决定

在那些改变了自我和人生的人身上只有一件"奇事",那就是他们一直注视着未来,他们拒绝被自己的过去定义。他们看到了不一样的、更有意义的东西,而且会不断地完善自己的未来蓝图。他们每一天都保持着对未来的希望与信念,勇敢地向目标迈进,即使途中不免多有痛苦和失败。前进的每一步都会增强他们的信心,让他们的性格更加灵活、更少受到过往的约束。

你也可以这样诠释你自己的人生故事,不必被过往定义。过去是什么身份、做成了什么事都不再重要。

"凡是过往,皆为序章。"这句台词出自莎士比亚剧作《暴风雨》(*The Tempest*)中雄心勃勃、醉心于操纵他人的安东尼奥之口。这句话是说,他和塞巴斯蒂安之所以会做他们将要做的事情,即谋杀,是因为之前发生的种种事端——"过去"。他们似乎别无选择。他们是多米诺骨牌,没有能动性。

人们常把过去当作故步自封、拒绝成长的借口。他们也常把过去当作自己之前或将要犯下的过错的借口,就像塞巴斯蒂安那样。但归咎于过去只是在为自己开脱,不负责任,没有个人能动性。

导　言　性格测试险些毁了我的人生

但你会在本书中不止一次地发现，你的过往**并非序章**。过去并没有定义你是怎样的人，你不是由过去"导致"的。

你的性格并不是一成不变的。

世界上最成功的人会将其身份认同和内心意识建立在未来**而非过去**的基础上。比如埃隆·马斯克（Elon Musk），他经常说想晚年在火星生活。人类现在还不可能登上火星，但在火星离世是马斯克内心对未来的设想。这个目标塑造了他的身份认同、行动和决定。

不管你怎样看待他，埃隆·马斯克都是一个关注**路在何方**的人，只管前程，不问过往。他把注意力、精力和心思都放在他正在创造的未来上。你不会听到他大谈自己的"PayPal 岁月"，不会看到他被自己之前的成败束缚，甚至不会听到他提起过去，除非有人专门问到。

这就是成功者的生活方式：**心怀目标，走出自己的路，成为想要成为的人，而不是重复过去**；勇敢地创造未来，而不是延续曾经的自己。

不管你之前是怎样的人，本书会告诉你如何成为想要成为的人。我会告诉你所有那些人们困在不良行为模式中的原因，并给出科学可行的策略，让你积极地做出选择，然后将其实现。

罗伯特·波西格（Robert Pirsig）在《禅与摩托车维修艺

11

术》(Zen and the Art of Motorcycle Maintenance)一书中写道："钢铁在良匠手中可以变成任何形状，而到了庸人手中也可能变成任何形状，却唯独不是他想要的形状。"

在本书中，你将会知道性格是如何被塑造的，以及如何塑造应该成为的性格。你将学会成为性格的建筑师与炼铁师，学到打造出任何你想要的性格的本领。具体来说，本书会帮助你：

- 发现限制了大多数人潜能的对个性的种种误解。
- 自己决定想要过的生活，不管那与你的过去或当下有多么不同。
- 提升情绪方面的灵活性，不再让过去定义自己。
- 重构创伤经历：它们不是你的遭遇，而是有意义的经历。
- 能够足够自信地定义自己的人生目标。
- 结识一批"同心伙伴"，积极激励你在人生起伏中坚持前进。
- 修炼潜意识，打破沉迷状态，克服限制自己的行为模式。
- 重新设计自身的环境——一种催人奋进而不是让人沉醉过去的环境。

简言之，本书将从科学原理与现实策略两方面教你如何摆脱故步自封。你会学到最直接、最简单、最有效的成长转变路径。本书的方法得到了科学验证，将其掌握并运用到生活中，你便不再被过去困住或定义。

我们要明白：决定并创造更大的未来并不是白日做梦。你必须直面你一向回避的那些令你不舒服的真相，做自己的主人翁。你的梦想之所以不能实现，是因为深藏在你心底的创伤让你沉溺于过去，打压着你的信心，封闭你的想象力。创伤确实是改变人生的重大事件。但更常见的情况却是，"创伤"会深入到小事和谈吐之中，进而限制你对"自己是怎样的人""能做成怎样的事"的认识，让你的头脑变得封闭。

此事不容忽视，一定要重视。

不仅如此，你所处的社会环境也会倾向于让你保持当前的，或者说基于过往的身份认同和行为模式，而非鼓动你更上一层楼。

本书将激励你承担起对自己的责任。事实上，将人生建立在性格测试或任何其他外在指标上的做法都是幼稚和懒惰的。诚然，教导和指引在成长的过程中是有益的，但成熟的关键在于自己做决定、制定有意义的目标，并在追求目标的过程中提升自己和他人。

太把性格当回事就是在放弃自己的选择能力。它会使你把自己对过去和未来的责任都交给外在事物；使你不再努力去寻求改变，限制改变的潜能；使你不再专注于怎样做能让人生更美好，只试图发现或认识自己无能或受限的原因；使你不再提升自我，一味屈从，接受所谓"真正的"自己。

在内心深处，你知道这些都是昏话。在内心深处，你想要做到更好。你想要相信自己能改变人生，甚至是彻底的改变。或许你已经放弃了希望，觉得改变是不可能的，但如果你确实想要用有力而慎思的方法改变人生，本书将会教你如何做到。

我是如何从性格局限中走出来的

在与妻子劳伦谈恋爱时，我遇到的阻碍不只色彩密码测试显示我是"白色"人这一点。她闺蜜的老公正好和我是高中同学，他强烈反对劳伦跟我谈恋爱。他这样做确实是有理由的。

我也不会建议别人和高中时的我谈恋爱或结婚。但我现在可以说是已经完全换了个人。我甚至感觉自己已经生活在了另一个世界。

高中时的我曾是个受过严重创伤、思想混沌的年轻人。

在我 11 岁时，父母离异。遭受重创的父亲染上了严重的毒瘾。有那么几年，他住的地方阴暗诡异，周围满是其他吸毒的人。我和弟弟们跟着父亲生活，直到生活环境变得实在太不稳定和太不健康为止。高二那年，我们搬到了母亲家。她很爱我们，但却一直忙于跟姐妹一起开公司和供养其他家人。

我是三兄弟里的老大，我们的生活全无章法和确定性可言。我感觉自己站在沙地上，身边没有任何让人感到确定或安稳的东西。我的身边也自然聚集起了其他饱受创伤和混乱生活的孩子。我们虽然不是坏孩子，但也经常挑逗和欺凌其他孩子，并招了不少小麻烦。对我们来说，最糟糕的还是没有稳定性和根基。我们整天打网络游戏、滑旱冰、滑雪，却从不干正经事。

我差点没能高中毕业。当时翘课太多，我不得不在校园内种了一棵树，并做了一些社区服务来弥补我的缺勤。上完高中后的一年，我住到了表哥家，睡在他家的豆袋沙发上，但却整日无所事事。没有工作的我去了社区学院两周，但之后就再也没去了。我的烦心事太多了。我没有勤奋肯干的理念，没有对未来的设想，也没有读懂课本的信心或能力。《魔兽世界》(*World of Warcraft*) 这款游戏成了我那段时间的逃避方式。

到了 20 岁左右，我决定离开老家，开始为教会做事。我受够了自己的生活，想要从头开始。两年的教会经历彻底改变了我。回来后，我不仅有了更强的能力，也有了坚定的未来愿景。

教会事工使我第一次感受到了我可以不必受过往经历或环境的约束，成为自己想成为的人。专心致志的生活给我带来了新的做事方式和新的动力，使我成了全新的人。在那里的第一天，我就立志当最优秀的传教士——一位榜样和领导者。那正是我重塑自身的绝佳环境。

我也是这样做的。

通过阅读一百多本书和大量期刊，并与鼓励爱护我的朋友和领导开诚布公地谈论自己的痛苦过往。尤其通过服务他人和帮助他人过得更好，我学会了如何处理和转化自己的创伤。我用两年时间帮助他人克服困难，其间的所见所感完全颠覆了我的世界观和人生观。我开始理解生命是何其有限，世界上又有多少因被溺爱而脱离现实的人。

我觉醒了。

回家时，我知道自己有了巨大的变化，也感觉到家人、朋友无法理解我的变化。我决定去上一所没有高中同学的大学，在那里没有人知道我的过去，我也不会受困于别人对过去的我的看法。

导　言　性格测试险些毁了我的人生

我用三年的时间提前读完了本科,并迎娶了我的梦中女孩,还在2014年秋季被一个一流的组织心理学博士项目录取。开始的第一年,我做研究生院行政助理就赚了13000美元。

2015年1月,劳伦和我收养了三个孩子——卡莱布、乔丹和洛根。同时,我开始写博客,分享我对心理学和个人转变的想法。我的博客一炮走红,没过几个月,阅读量就突破百万。接下来的三年里(2015—2018年),在当时规模最大的网络平台Medium.com上,我成了世界排名第一的写手。

2018年2月,经过与收养部门多年的官司,我们终于把卡莱布、乔丹和洛根接回了家。之后还没过一个月,劳伦就怀孕了,并在同年12月生下了双胞胎。在一年时间里从没有孩子到正式成为五个孩子的父母,这简直太疯狂了。但这就是我们当初选择的、现在仍然愿意选择的生活。因为共同的愿景和目标,我们为极其陡峭的成长曲线做好了准备——这样的愿景和目标尽管不容易,但却极其深刻和有意义。

2019年初,我博士毕业。我的博客每个月依然有上百万的阅读量。我本来是一个睡在别人家沙发上的不良少年,现在却有了一份百万级别的成功事业,同时还是五个孩子的父亲。接下来在本书中我将会告诉你我是如何做到的。

尽管我的工作和教育经历已经让我明白人能够改变,也确实会改变，但本书最有力的证据还是**我的人生**。我没有想做舞台上的大师。我只是一个受尽羞辱，而后彻底转变的普通人。我想帮助你做到同样的事——不管这些对你而言意味着什么，或者看起来像什么。

你的过去真的不重要。愚蠢的性格测试的结果或高中同学对你的看法，这些都不重要。

关键在于**你想成为怎样的人**。

关键在于**你做出的选择**。

如果你怀疑过自己到底能不能改变，答案是，**能**！

不管你之前是什么样的人，现在都不再必须是**那个人**了。很快你就会发现，你现在其实已经不是那个人了，你未来也不会是那个人。性格会随着时间变化，不管你是否有意让它改变。但一旦有意改变，你就会有巨大的变化，并且这种变化是有方向的，而非随机的。女演员莉莉·汤姆林（Lily Tomlin）回顾自己的人生和事业时说："我一直想成为一个人物，但现在才明白，我当初要是更具体一点就好了。"

你肯定会成为**人物**。这是肯定的。但问题在于：**你想成为什么样的人物**？你在塑造自我的过程中的具体性和目的性又有多大？

愿景越具体，路径就越清晰，做事的动力也就越大。选择自己的目标，然后将整个灵魂交给这个目标，你就会在适当的时候实现转变。

决定你成为怎样的人,是你自己,而不是性格测试,也不是你的过去。

你会选择成为什么样的人?

本书会教你如何用最有效的方式有目的、有策略地成为你想成为和选择成为的那个人。如果我做对了,那么你会在阅读本书的过程中有强烈的情绪体验,而这种情绪正是通往转变的大门。如果你在阅读中感到抗拒,请再用心去仔细体会,因为这时你已经走到了直面真我的边缘。

你做好学习性格真相的准备了吗?

系好安全带。你将会听到之前从未听过,却可以改变你人生的内容。

Personality Isn't Permanent

第一部分

如何

正确认识性格

Break Free from Self-Limiting Beliefs and Rewrite Your Story

第一章

性格的误解：
五种流行的错误观点

※ 性格以"类型"区分

※ 性格是内在和固定的

※ 性格来自过往经历

※ 性格只能被"找到"

※ 性格是"本真的"自我

> 人们误以为自己已是成品,而实际上他们只是半成品。
>
> ——丹尼尔·吉尔伯特(Daniel Gilbert)博士

2012年,瓦妮萨·奥布莱恩(Vanessa O'Brien)正准备和一支小探险队攀登新几内亚岛的最高峰——海拔4884米的卡斯滕士峰(Carstensz Pyramid),但却陷在了苏加帕山谷(Sugapa Valley)丛林中央齐膝深的泥潭中。

她在泥泞中跋涉,迎面撞上坚硬的树枝,一会儿被割到,一会儿又有了瘀青。她凭借着仅1.62米的身躯攀登着一棵棵巨木,但总在刚爬起来时,又马上脸朝下跌进泥里。瓦妮萨哭了。

但事情远不止哭这么简单,她的情绪彻底崩溃,同时也陷入了严重的身份认同危机。

在崩溃的过程中,瓦妮萨的心理框架开始解体。她的世

第一章 性格的误解：五种流行的错误观点

界观——包括她对自己的认识——分崩离析。一向顺风顺水的她在脑中闪过一些非常阴暗的念头：

> 我再也不会好了。
> 事情只会变得更糟。
> 我的每一步好像都在后退。
> 每一件事我都做错了。
> 我为什么做不到？
> 这都是什么鬼东西？！

瓦妮萨体验到的巨大困难、痛苦和挫折逼迫她偏离了之前的参照系。她自以为了解的每一件事情，现在好像都错了；她的自我认同也不再像以前那么明确了。她的世界和人生也变得很混乱。

她感受到的只有痛苦的折磨。

她的自我意识和身份认知之间出现了严重的裂缝。这段经历——她最终成功登顶——的结果是，她不再是以前那个人了。

小奥利弗·温德尔·霍姆斯（Oliver Wendell Holmes Jr.）说过："被新经验拓展的头脑再也回不到以前的思维模式了。"

对瓦妮萨·奥布莱恩来说，心智和身份认同的延展并不是一个孤立事件，而是十年间的常事。

瓦妮萨在人生的大部分时间里都被认为是 A 型性格。2009 年，她在金融行业干得风生水起。作为一名事业型女性，她会用"高度可预测"来形容自己的生活。她的世界里没有多少偏离的事件。

瓦妮萨真心在意的只有事业和如何在公司升职。工作之外，她最兴奋的事情就是在两周的年假里跟老公一起去观光潜水。

我们把时间快进到 2019 年。这时的瓦妮萨完全变了个人。她不再将人生局限在狭小的职业目标的空间之内。她不再是"事业型"性格，甚至不是"目标型"性格，而成了"使命型"性格。

如果你与 2009 年的瓦妮萨交谈，她会大谈自己的事业。她很可能根本不会问关于你的问题。如果你不在金融行业，你们就没什么话可以聊了。她很可能对你没有兴趣。鉴于她的生活就是工作，她不会给你多少时间，因为她太忙了。

如果你与 2019 年的瓦妮萨交谈，她会大谈地球的状况、冰川融化和人类的潜能，她还会讲我们不仅有改善自身生活的能力，更有拯救地球的责任。

瓦妮萨在谈话中会问许多关于你的问题。她会对你看重的和驱动你的事物感兴趣。她愿意坦诚地回答你的问题。她

第一章 性格的误解：五种流行的错误观点

不会着急，而是会全程在场，完全投入。有她在身边，你会感到深受鼓舞、心情平静。

如果在2009年做性格测试，瓦妮萨的所有回答都会以自我为中心。她会只盯着她眼里的人生头等大事——事业。她的外向性和尽责性的分数会很高，而经验开放性、宜人性、神经敏感性的分数却会很低。

性格测试以自陈式（self-reported）为主。因为很少走出舒适区，所以瓦妮萨会认为自己情绪足够稳定。按照她自己的陈述，她的生活和节律高度可预测。另外，瓦妮萨还可能会认为自己外向，因为在职场往上爬是需要有社交能力的。

2019年的瓦妮萨已经能不再以自我为中心，而是更多地关注他人。过去，她渴望走到聚光灯下，成为明星；现在，她则宁愿走在登山队的最后，确保所有队员都能安全登顶。2009年的瓦妮萨奉行一路往上爬的线性思维，走的是人们通往未来的惯常路径。2019年的瓦妮萨则用"不确定"来形容自己的未来。

她并不是没有了目标或雄心。她的目标其实更宏大了，她的使命比过去任何时候都清晰。然而，她的目标并非已经板上钉钉，不再改变。她不再沿着一条单一的道路走，而是披荆斩棘，左右开路，横跨界线。

她正在探索不仅她没有，其他任何人也都没有探索过的领域。她一直在接受新的挑战，尝试人生中的第一次。比如说，她正在写自传，详细讲述自己是怎样从专心往上爬的企业高管变成手握多项吉尼斯纪录的世界知名登山家的。她目前或领导或参与了多个组织，还会到世界各地做演讲。

她那令人称奇和激动的人生并不总有欢笑与阳光。因为需要不断参与到不同的事业和活动中，她能体验到的情绪也丰富多了。有些日子极为痛苦、复杂和混沌；其他一些日子却能用欣喜若狂、意义深刻、无可言喻的快乐来描述，比如她去登山的时候。

基于以上这些，如果在2019年做大五人格测试，她的回答会与2009年的迥然不同。她放弃追求狭隘的、既定职业目标的路，走上了迎接新挑战、突破自我极限的路。所以，她的神经敏感性、经验开放性和宜人性分数便可能会升高，外向性和尽责性得分则可能会降低。她现在比以往任何时候都重视独处，尽管她与他人的联结越来越强。

要记住，性格测试是**自陈式**的。我们的自我认识总在随着当前的关注点、环境和情绪而变动。

瓦妮萨早已不是那个循规蹈矩、一成不变的人了，她现在更加灵活开放，适应力也更强了。宏大使命让她投入到了当初根本计划不到的活动、项目、关系和处境中。但她下定

第一章 性格的误解：五种流行的错误观点

了决心——强烈的决心，因此为了推动自己的使命前行，她愿意做任何事。

使命才是瓦妮萨能做什么以及做到了什么的决定性因素，而非性格。此外，在不懈追求使命的过程中，她的性格也发生了巨大变化，而且会继续变化。

未来学家、作家、X PRIZE 基金会创始人彼得·迪亚曼迪斯（Peter Diamandis）说过："一个人有了使命感，他就能改变世界。你可以改变世界。我真的相信。"

迪亚曼迪斯称之为"MTP"，也就是"宏大变革使命"（Massively Transformative Purpose）。它的意涵很简单：你的使命是如此宏大而鼓舞人心，以至于追求它的过程改变了你的整个人生。你是选择使命的人。你把自己投入了进去。你站在屋顶大声喊出了那个使命。你为了它改变了自我和人生。你通过它让世界变得更好。在迪亚曼迪斯看来——我也这样认为，你可以也应当有一个个人的 MTP，还要有一个职业或集体的 MTP。

2019 年的瓦妮萨一天的生活是 2009 年的瓦妮萨无法理解的。2019 年的瓦妮萨的"常态"对 2009 年的瓦妮萨来说会非常**不舒服**，甚至是没有吸引力或无趣的。从 2019 年的瓦妮萨的视角来看，她甚至很难与过去的自己产生共鸣。尽管如此，她仍然对过去的自己抱有同情与感恩，同时对未来感到谦卑。

现在，瓦妮萨想要做的事全都是奉献、服务与沟通。她和善了很多，更加关注他人；做事更加灵活、更有耐心，而且更注重心中的宏大图景。当我问她眼中**未来的自己**是什么样时，她说她眼中的自己是一位慈善家。

这是怎么发生的？瓦妮萨·奥布莱恩是怎样从一个以自我为中心的 A 型职场达人转变成一个一心想拯救地球的探险家、哲学家和慈善家的呢？

她是如何从不进行重大身体挑战转变成第一位登上海拔 8611 米、攀登难度超过珠穆朗玛峰的世界第二高峰乔戈里峰（K2）的英美女性（她有双重国籍，因此既算英国人，也算美国人）的呢？

她是怎样成为一个荣获英国科考协会颁发的 2018 年度探险家大奖，又于 2019 年获得纽约州女众议员卡罗琳·马洛尼（Carolyn Maloney）颁发的无畏女性奖的人的呢？

她是怎样打破了女性在最短时间（295 天）内登顶七大洲最高峰的吉尼斯世界纪录的呢？

她是怎样成为一名关怀他人的使命型人物的呢？

她是如何变得更和善、更体贴、更富哲思，对自身和现实有了更深认识的？

如果你安排瓦妮萨和当年金融界的同事坐在一起，他们会为她在过去十年中的成就和个性变化感到震惊。

但这一切是怎么发生的？

这其实要归结为几个关键点。

瓦妮萨的变化始于2008年的市场崩盘。鉴于形势的变化，她和丈夫决定移居外国，开始新的生活。市场崩盘的痛苦和由此带来的混乱让她不禁开始思考到底什么对自己是真正重要的。她认为自己需要一个新的人生使命、一个能赋予她更多意义的使命。

在一些朋友的帮助下，她选择了一个富有挑战性的新使命：登珠穆朗玛峰。经历了登山的过程和途中的痛苦——还有一些令人蒙羞的失败——她的身份认同、性格和世界观都发生了改变，并由此引出了她的其他目标和追求。

在之后的十年里，她不断追求更宏大、更有挑战性的目标，由此带来的经历又改变了她的身份认同、视角和使命。实际经历常常会打破她的预期，让她反思之前的看法。正如她自己所说："那些你抱有最大期许的人往往给你的最少，你抱有最小期许的人反而给你的最多。"

瓦妮萨已经对过去放手了。她原本那个与薪资、头衔和物质占有绑定的自我已经被摧毁了。她拥抱了一个富有变革性和充满意义的人生使命。现在，她专注于未来，尽力而为。她也不再那么关心别人对自己的看法了。

由于上述的极端变化，性格心理学家会说瓦妮萨是一个"异类"，甚至还有人会诊断她患有性格障碍。但事实上，她与你我并无太大的不同。没错，她成就了了不起的非凡事业，但若认为她的内在异于常人，或者是游离于主流的一个古怪例外，那可就错了。

她既不"奇"，也不"异"。她其实只是一个凡人，但她选择成为非凡，并揭露了"性格是固有的、稳定的、终生不变的"这样一个谎言。事实上，性格科学研究和我们的生活都体现着一番完全不同于我们过去听到的这些说法。

一般人的性格可能不会发生像瓦妮萨·奥布莱恩那样剧烈的变动，因为很少有人会像瓦妮萨那样主动投身于身心的锤炼，但每个人的性格都会有变化，**事实上已经有变化了**。

性格并不稳定，它是变动的，不管你是否想让它改变。

事实上，心理学界有一个共识：同一个人在不同时间，甚至不同环境下做同一份性格测试，得到不同的分数是很正常的。

性格的变动性和可塑性远比之前认为的要强。尽管有越来越多的科研结果证实了这点，但许多心理学家和大众还是用 20 世纪 60—80 年代的老观念看待性格——认为性格是固定不变的**特质**。在强调"特质"的文化环境中成长起来的婴儿潮一代中的许多人，至今还认为人有天生"固有"的

第一章 性格的误解：五种流行的错误观点

特质。这种特质文化很容易从那个时代的领导者状况中得到证据——白人、男性、高个子等等。这常常会表现出种族歧视。

科学发展与世界变化证明，实际情况恰恰相反。

人可以变，也确实会变。

变化会很大。

在信息获取、旅行、联络和体验都变得空前便利的世界中，先辈们面临的许多约束条件都没有了。我们的选择大大丰富起来，甚至可以说是过于丰富。于是，我们对于做出何种选择、成为何种人和建成何种社会所负的责任也大得多了。

于是，本章的任务就是驳斥流行的关于性格的五种误解，它们分别是：

1. 性格以"类型"区分；
2. 性格是内在和固定的；
3. 性格来自过往经历；
4. 性格只能被"找到"；
5. 性格是"本真的"自我。

上述流行观点尽管在人的成长阶段或许有益，但终究还是有害的。它们会让人形成一种狭隘刻板的自我认识。它们会让人踏上"找到真我"的错误旅程,而对大多数人来说,这将是一段在犹豫不决中通往平庸的旅程。

通过做出决定和选择环境来创造自我是人之为人的责任。你还会发现,你其实一直在创造自我,哪怕是无意的。

用科学和常识驳斥五大误解之后,我会在第二章带领你认识一种准确而实际的性格观,鼓励你将自己的性格——以及你的过去和未来——稳稳地握在自己手中。本书余下的部分会教你如何成为你想成为的人。

误解一:性格以"类型"区分

> 没有纯粹的外向型人或内向型人。那样的人会进精神病院。
>
> ——卡尔·荣格(Carl Jung)博士

世界上有两类人:相信世界上的人可以分成两类的人和不相信这一点的人。

然而,按照迈尔斯-布里格斯性格测试,世界上有 16 类人。

先别急。按照修订版 NEO 性格测试问卷，世界上只有 6 类人。

不过，我觉得世界上只有 4 类人："赫奇帕奇""格莱芬多""斯莱特林"和"拉文克劳"。

这是怎么回事呢？

世界上的人到底分为几类？2 类？4 类？6 类？还是 16 类？

第一个关于性格的误解便是认为性格"类型"是存在的。性格类型根本不存在，它是社会或心理的建构产物，并不是实际存在的。它是一种肤浅的、歧视性的、反人性且极其不准确的看待复杂人性的方式。

性格类型并没有科学依据，而且大多数流行心理问卷的制作者其实根本没资格定义人群。

梅尔薇·埃姆雷（Merve Emre）博士在 2018 年出版的《性格贩子：迈尔斯－布里格斯测试怪诞史与性格测试的诞生》(*The Personality Brokers: The Strange History of MyersBriggs and the Birth of Personality Testing*) 一书中写道，性格测试已经发展成了一个规模达 20 亿美元的产业，其中以迈尔斯－布里格斯测试最为流行。有意思的是，凯瑟琳·布里格斯（Katharine Briggs）及其女儿伊莎贝尔·迈尔斯（Isabel Myers）都没有接受过心理学、心理治疗和心理测试方面的训练。母女两人都不在实验室或研究机构工作。因为女性上大学的机会有限，所以她们的测试是在家里开发的，而并没有在大学或实验室里。

20世纪初，利用身为妻子和母亲的经验，而非科学或心理学知识，凯瑟琳·布里格斯发展出了自己的理论。她发现自己和丈夫对待生活的方式不同，而且他们的孩子一个好静一个好动，于是便想发明一套体系来解释人与人相处方式的差别。

布里格斯认为调和矛盾会给人带来很多心理上的痛苦。她提出人们对待生活的方式是固有不变的，他们不会试图改变自己；人有确定的**性格**，而它需要的是被认可和被接纳。

不管你是怎样的人，或者在生活中的形象如何，人们都应该认为你的行为方式是"正常"的，布里格斯如是说。如果你很害羞，你身边的人在跟你打交道时应该考虑到这一点；如果你神经过敏，他们就应该适应你；如果你和善而富有同情心，他们也应该认为你一贯如此。

基于这套范式，你对待生活的方式就是"你的本性"，你不应该为之羞愧。你也不应该尝试改变本性，而且就算你尝试了也没法做到。再者，哪怕这些特质会限制你，你也是无能为力的，你就只能忍受，因为神或者DNA就是这样限制你的。

第一章 性格的误解：五种流行的错误观点

性格类型测试尽管有趣，但并不科学，而且会让你相信自己受到了很大的约束，而这种约束远比实际约束大得多。这些测试对人类形象的描绘既不准确又过分简单，充斥着大而无当的概括，任何人都能将其跟自己对上号。它们对心理学做了过度简化，让人们自以为掌握了很多心理学知识，然而实际上根本没有。沃顿（Wharton）商学院教授、组织心理学家亚当·格兰特（Adam Grant）博士对此解释道："迈尔斯－布里格斯问卷好比问人更喜欢耳环还是鞋带。你可能会觉得这背后隐含着什么了不得的秘密，哪怕这个问题根本不成立……**它制造出了一种心理学专业感的错觉。**"

社交媒体上有一大批性格导师，他们可以告诉你关于你的一切，从你应该跟谁恋爱结婚到你是否应该生孩子，从你应该做什么职业到你是否会成功、幸福——全部的依据就是你完成的一套特定测试的分数。这让人**感觉**很科学，但实际上却不过是披着科学外衣的迷信活动。

社会科学理论有四个评判标准：该理论的范畴是否（1）可靠（2）有效（3）独立（4）全面。迈尔斯－布里格斯性格类型中的指标表现出的是不可靠、无效、不独立、不全面。迈尔斯－布里格斯测试的重点不在于获得性格的洞见，而在于营销中所包含的巨大力量。这才是迈尔斯－布里格斯测试真正的魅力所在。

基于上面列出的四条标准，尽管心理学家对性格是否可变尚有争议，但在迈尔斯－布里格斯测试这类性格测试不能当真这件事情上他们是有共识的。这类测试和通俗心理专家宣扬的"性格类型"也是不存在的。

在有意识和有策略的情况下，将自己定义为某个"类型"或者给自己贴上某个标签或许是有用的。比如杰夫·戈因斯（Jeff Goins），他一直想当作家，却没有为其做任何努力。但当给自己贴上"作家"标签时，他就在这种身份认同的激励下开始动笔，并最后成了一位成功的作家。因此，戈因斯的标签是自己有意选择的，也帮助他达成了自己的目标。

标签可以服务于目标，但目标不应该服务于标签。当目标服务于标签时，你就让标签成了自己的终极现实，你的生活就是为了证明或支持那个标签。有人说"我要追求某某事，因为我是外向型"就是这种情况。当你按照自己当前的形象来制定目标，而非制定拓展和改变自己的目标时，你便陷入了这种设定目标的套路。

性格源于目标，而不是目标源于性格。创业者、风险投资人兼作家保罗·格雷厄姆（Paul Graham）写道："标签越多人越傻。"当一个人主动给自己贴上"内向者"或"外向者"的标签时，他就已经正式让自己"变傻"了——除非其

第一章 性格的误解：五种流行的错误观点

中某个标签能让他实现某个具体目标。

研究表明，贴标签或下诊断对于心理医师开展治疗工作是有益的。但这些标签很少应该被透露给患者。标签会成为患者身份认同的一个重要方面，严重制约患者的改变能力。

标签会让人视野狭隘。假如一个标签会让你变得"无脑"，让你一叶障目，这个标签就是不正确的。正如哈佛大学心理学家、正念专家埃伦·兰格（Ellen Langer）博士所说："如果一件事以公认真理的面貌出现，其他看法甚至都不会被纳入考虑……人们抑郁时就愿意相信自己一直是抑郁的。对可变性的正念觉知表明这是错的。"

"性格"比过度简化的概括或类别要微妙复杂得多。性格并非一种不受环境、文化、行为和上千种其他因素所影响的孤立特质。性格心理学家凯瑟琳·罗杰斯（Katherine Rogers）博士说过："我们知道性格的功能不在于分门别类……就我的性格而言，我对迈尔斯和布里格斯的信任程度不比星座运势高。"

罗杰斯博士的话完全正确，而且这是一个特大喜讯！当你不再用"内向者"或"外向者"这样的"类型"来定义自己时，你就会开放得多。你会有更多的可能性与选择。你的责任心和主体性会更强。你想做什么就可以去做，不管你现在如何看待自己。

性格类型测试尽管不科学，却依然在美国业界和流行文化中甚嚣尘上。许多人的生计就取决于如何回答测试。无数人的职业生涯因为"颜色"或"类型"不适合某个职位或文化而受创或被毁掉。

你并不是单一、狭隘的某个"类型"的人。在不同的环境中，与不同的人在一起时，**你都是不一样的**。性格是动态的、灵活的、与环境相关的。另外，性格在人的一生中都会改变，改变的程度远远超出你现在的想象。

在不同的人生阶段和时间里，你会表现出不同的性格。可别感到奇怪，你在一天里就能表现出几十种不同的性格。正如播主乔丹·哈宾格（Jordan Harbinger）在一次采访中所说，"我喝咖啡前是 INTJ 型人，喝咖啡后是 ENTJ 型人"[1]。

你不应该把性格看成要把自己塞进去的某个"类型"，而要将其视为一个灵活、可塑、基于环境的行为态度连续体。最具科学依据的性格理论将性格分解为"五大因素"：

1. 对学习和体验新事物的开放程度（开放性）；

---

[1] 这两种类型都属于迈尔斯-布里格斯（MBTI）性格分类。该分类共有四个维度，每个维度有两个互斥的取向，共组成16种性格类型。INTJ 是内向型（introversion）、直觉型（intuition）、思考型（thinking）、判断型（judging）的字母缩写，对应的 ENTJ 的 E 则表示外向型（extraversion）。——编者注

2. 做事的条理性、动力大小和目标导向程度（尽责性）；

3. 与他人共处时的活跃程度和交流意愿（外向性）；

4. 对他人的友善与乐观程度（宜人性）；

5. 应对压力和其他负面情绪的能力（神经敏感性）。

这五个因素都不是"类型"。相反，基于个人意愿、经历和处境，我们都处在**这些连续性因素的某个地方**。在不同的条件与处境下，你在五个因素上的表现都会有所不同——有时强一些，有时弱一些。

例如，研究者已经发现，社会角色的要求与性格表现的要求存在强相关性。如果一个角色要求尽责或外向，那么担任该角色的人表现出的尽责或外向程度就会大得多。可一旦他不再担任该角色，换了一个对尽责性或外向性要求较低的角色，那么他的这些"特质"就会表现得较弱。长时段研究表明，一个人的性格往往可以通过他在人生不同阶段担任和不再担任的社会角色来解释。因此，社会角色是一个明确的、经过了大量研究的性格预测因素。

尽管我们认为自己是始终如一的，但我们的行为和态度却经常变化。始终如一的不是我们的行为，而是**我们对自身行为的看法**让它显得始终如一。我们会选择性地关注我们认同的事物，无视不认同的事物。在这个过程中，我们往往会遗漏或有意识地忽视许多不符合自身特性的实例。

近年来的研究表明，人们希望把自己看待为更具流动性、灵活性的人，也有改进自身性格的具体愿望。只有不到13%的人报告称对现在的自己满意。总体来说，人们希望在开放性、尽责性、外向性上得分更高，并希望神经敏感性得分低一些。

最新科学研究表明，对那些出于具体原因想提升自我的人来说，这种改变是可能的。内森·赫德森博士（Nathan Hudson）和克里斯·弗雷利（Chris Fraley）博士2015年的一项研究表明，性格可以通过制定目标和持续努力来有意识地改变。克里斯托弗·索托（Christopher Soto）博士和尤勒·施佩希特（Jule Specht）博士的研究则表明，人在过着有意义和满意的生活时，性格会改变得更快。

不管你是否试图改变，上述五个因素**都会随着时间而变化**，但你完全可以有意识地改变其中之一或全部。瓦妮萨·奥布莱恩定下了登珠穆朗玛峰的目标，这个目标让她对新经验变得更加开放。

应当指出，现有的和正在进行中的性格变动性研究对变化的预期比较保守，至少在短期内是这样。但正如本书所表明的，没有深刻变化不是因为不可能。**普通**人之所以没有巨大的、有目的的变化，其实是由于情绪和环境原因，而这两

第一章 性格的误解：五种流行的错误观点

个原因都是可控的。

主动的改变会对情绪提出严格要求——改变并不好受，甚至会带来惊人的痛苦。如果你不愿意感受情绪，调整视角，有目的地改变自身行为和环境，那么便无法指望巨变发生（至少在短期内无法实现）。心理灵活性是个人转变的关键，不要过分固着于现有的身份认同或视角。向未来的目标不懈努力，接纳而不回避情绪，才会实现根本性的变化。

巨大变化不只是有可能而已。事实上，五大因素都是行为，其实也是可习得的**技能**。你可以学会对新经验更开放，也可以学会对新经验不那么开放；可以学会更有条理、更专注于目标；可以学会更外向或更内向；可以学会如何更好地与不同类型的人交往；可以增长情绪智慧，摆脱被动的受害者心态。

将人按类型划分的最大危害也许在于这些类别会被视为固有的、不可改变的。当你认为人们不能改变时，你便会开始用其过往经历来定义他们。某人过去做了某件事，你便觉得他就是某种类型的人，会一直做那种事，而认识不到他可能已经变了。

法国作家维克多·雨果的小说《悲惨世界》(*Les Misé-rables*) 极好地探究了这一看法的局限性。小说讲述了两个人的故事，一个是自诩正义、不相信人会变的警官沙威

（Javert）；另一个是早年犯罪，后来洗心革面，走上高尚圣洁道路的冉·阿让（Jean Valjean）。沙威不能接受冉·阿让真的变了。在沙威心里，一个人做过的事情永远不能被饶恕。他相信，一个人如果做过错事，就是骨子里的坏人。

沙威和冉·阿让在整篇小说中有过多次不同场景下的相遇。沙威一心想要将冉·阿让绳之以法。冉·阿让则一直只想过摆脱过往有罪行的生活，帮助身处逆境的其他人。最后，沙威因为无法解开冉·阿让带给他的悖论而自杀。他宁愿自杀，也不转变思想。

> **自我检测**
>
> 那么，你会怎么做呢？
> 你是如何用过去的行为来定义自己或他人的？
> 你可曾给自己分门别类，从而限制和过度定义了自己？
> 如果你不再削足适履地给自己分类，而是敞开心扉、迎接变化的可能性，那会发生什么？

第一章 性格的误解：五种流行的错误观点

误解二：性格是内在和固定的

一项跨度超过60年的长时段研究于最近发表了报告，结果让研究者们困惑不已。几乎每位研究对象的性格都与研究者的预期**完全不同**。

研究的起点是20世纪50年代一项对1208名苏格兰14岁少年的调查。研究者要求教师用六份问卷来评定学生的六项性格特质：自信心、坚韧性、情绪稳定性、尽责性、创造性和求知欲。

60多年过去了，研究者再次对其中674位被试者做了测试。这一次，已经77岁的他们不仅测试了自己的六项性格特质，还各自介绍一名亲友做同样的测试。测试问卷的答案与63年前的问卷基本没有重合。研究者称："我们的假说是，即便经过了漫长的63年，我们仍然会发现某些性格稳定的证据。但相关关系并不支持这一假说。"

这是"我们完全搞错了"的学术化表述。性格其实是会随着时间变化的。

长时段研究的实施难度极大，所以相当罕见。只有少数研究会做后续追踪，但时间间隔通常只有几周或几个月。在这种条件下，我们很容易得出性格鲜有变化的结论。如果你时隔三个月或六个月做同一份性格测试，分数很可能也差不多，除非这几个月里发生了重大事件。

测试间隔越长，结果相差就越大。60年跨度项目的研究者进一步承认："我们的结果表明，当间隔拉长到63年之久时，前后结果几乎没有任何相关性。"

性格不仅会变，而且程度远远超过你的预期。根据哈佛大学心理学家丹尼尔·吉尔伯特博士的研究，你在十年前和十年后**不会是同一个人**。

在研究中，吉尔伯特博士先问人们的兴趣、目标和价值观在之前十年里发生了多大变化，又问他们预计自己的兴趣、目标和价值观在未来十年会有多大变化。

吉尔伯特博士发现，当他要求人们分析过去的自己和现在的自己之间的区别时，人们能轻松意识到过去十年间的性格变化。可即便如此，人们还是预计未来十年里自己只会有**微小变化**。

这种现象在心理学里被称为"历史终结错觉"(end-of-history illusion)，指人们会自以为已经成长了许多，到现在为止都有变化，但未来不会再有显著成长或变化的现象，这不论在什么年龄都有可能发生。

正如吉尔伯特所说，"人们误以为自己已是成品，而实际上他们只是半成品"。

人有一种奇怪的念头：当下的自己是"完成的""达成

的""进化好了的"。所以，我们不顾自己今昔变化的证据，仍然经常**感觉**自己在现在和过去是同一个人。在当下，我们总感觉"自己就是自己"，尽管我们的一贯情绪和行为——甚至于我们的习惯和环境——都与多年前**完全不同**了。

我们有很强的适应性。哪怕经历了剧烈变动，我们仍然会很快适应变化，而后变局就成了新常态。于是，随着年岁增长和逐渐变化，我们可能会感觉自己还是一样，**但我们其实已经不一样了**。生活是"正常"的，但并不与过去一样。

想要认清性格确实随时间发生了变化的事实，有一个显而易见的方法：看我们如何对待之前的决定。人们常常会除去自己当年喜欢的文身。人们会与当年以为的一生挚爱离婚。人们会努力减掉当年一点儿不当回事而吃出来的肚子上的脂肪。人们会辞掉当初梦寐以求的工作。

我们经常做出未来的自己不喜欢的决定，因为我们往往不太擅长预测自己的未来。而事实上，我们并非不能预测自己的未来，只是不去预测而已。

想象想要的未来要比记住过去的经历难得多。想象力是一项需要开发的技能，很少有成年人真正掌握。成年人的想象力和创造力会随着年龄的增长而衰退，他们会愈发桎梏于狭隘的己见。

做一个快问快答：你用多少时间想象未来的自己？

大多数人的回答是，没有多少时间。

综上所言，阻碍人们预测和创造自己未来性格有两大原因：

1. 我们以为当前的性格是完成品（历史终结错觉）；
2. 我们过分强调过去的重要性，因而对自我和世界的看法愈发狭隘。

你的性格是变动的。它曾经改变过，未来还会继续改变。因此，是时候开始思考未来的自己会是什么样了。你不想为自己未来的处境和变成的样子而惊讶、失望或气馁吧？你也不想因为自己现在的漫不经心、谋划不当或糟糕决定而让未来的自己陷入困境吧？

做决策最好是根据未来的自己想要什么，而不是根据现在的自己想要什么。决策与行动时应该站在未来期望情境的制高点上，而不是基于眼前的情况。美国法学家、宗教领袖达林·奥克斯（Dallin Oaks）有言：

> 我们在人生中做出了无数选择，有的重大，有的看似微不足道。回望时，我们会发现自己做出的一些决定带来的影响如此巨大。如果我们能审视其

第一章 性格的误解:五种流行的错误观点

他选项,思考不同的选项会带来什么,我们就会做出更好的选择和决定……如果我们一直心怀未来,那么当下和未来都会更快乐……在选择给自己贴什么标签或如何看待自己时,"这会引向何方"也是一个重要问题……不要选择那些会限制你实现目标的标签或身份认同。

开始想象的第一步是区分现在的自己和未来的自己。**他们不是同一个人。**

相比于现在的自己,未来的自己将会是一个不同的人。假设未来的自己与现在的自己一样,对决策是不利的。身份认同研究者哈尔·赫什菲尔德(Hal Hershfield)博士曾说过:"将未来的自己比作另一个人看起来或许奇怪,但对理解长远决策是很有用的。"

与你现在是什么人相比,你未来想成为什么人要**重要得多**,而且对认识现在的自己也很有帮助。你未来希望的自己比过去的自己更能让你知道该为当下的身份认同和性格付出怎样的努力。

在好的情况下,未来的你会比现在的你智慧得多,经历丰富得多。未来的你会有更多的机会、更深刻的关系、更好的自我认知。在好的情况下,未来的你会比现在的你更有主体性和选择权，拥有更多知识、技能和人脉。

未来的你也可能比现在的你**更受限**，这取决于你此时此地的行为。如果你有了不健康的行为，做了糟糕的选择，或者养成了坏习惯，那么未来的你可能就比现在的你**更不自由**。有时，看似无害的小事——比如睡前看YouTube视频，或者在酒吧里喝太多酒——可能会逐渐累积成大问题。

很遗憾的是，我的一些朋友和亲戚现在正因为自己的错误决定而身陷困境。他们没有过上当初的自己以为会过上的生活，不是因为飞来横祸，而是因为自己缺乏目标、规划和有的放矢的行动。他们正为当初的不努力付出代价。变坏的不只是他们的处境，他们本身——性格、观念、人际关系——都比当初差得多了。

从**当下**你开始思考未来的自己想要什么时起，你的人生就有了全新的意义。你不会根据当下的身份认同做决定，而会开始做出未来的自己会喜欢和欣赏的决定。

你有责任尽可能地为自己将来的机遇、成功和快乐做好准备。这样你才能成为想成为的人，创造出想要的人生，而不是变成让自己后悔的人。

描绘一下未来的自己吧。

> **自我检测**
>
> 未来的你是什么样的人?
>
> 你想象和有意识规划未来的自我的频率是怎样的?
>
> 如果你将身份认同建立在你想成为的样子,而非你已经成为的样子上的话,那会发生什么?

误解三:性格来自过往经历

有的过去应该有重来的机会。

——马尔科姆·格拉德韦尔(Malcolm Gladwell)

许多理论都有一个常见的科学前提:"因果决定论"——凡是存在或发生的事物都是由先前条件或事件导致的。按照这一观点,人是由先前事件决定的——而不只是受到影响——就像依次倒下的多米诺骨牌一样。

在考察人的行为时,心理学家已经得出了共识,即预测未来行为的最好方法是考察过往行为。在大多数情况中,这一观念都被反复验证。事实上,长期来看,人似乎很好预测。

这里有一个重要的问题:**为什么会这样**?

谈到行为的可预测性,一种主流的观点是,"性格"是一种稳定的、基本不可改变的"特质"。但本书接下来会说明，这是一种粗疏、不确切、过分简化的解释，这种解释最终会让人盲目、自以为是、不能实现巨大进步、过着漫无目的的生活。

没错，人的行为长期以来可能看起来容易预测、一成不变，实际上往往也是如此。但人们一成不变的原因并不是固定的、不可改变的性格。人会循规蹈矩有四个深刻得多的原因：

- 他们仍然用尚未重构的过往创伤定义着自己。
- 他们的身份认同叙事基于过去，而非未来。
- 潜意识让他们与过去的自我和情绪保持一致。
- 环境支持着他们当前而非未来的身份认同。

这些影响就是性格的因素——不管你有没有意识到，你是可以操纵它们的。当你改变、重构或操控它们时，你的性格和人生就会发生显著的、有意识的变化。

是任由这四个影响因素把你困住——让你动弹不得，觉得变化几乎不可能发生——还是利用它们成为想成为的人，这取决于你。

本书接下来将逐个讲述这四个影响因素对性格的影响，

第一章　性格的误解：五种流行的错误观点

并提出运用它们的合理策略。你将有能力操控它们而不是被它们控制，从而成为你选择成为的人，而不是先前经历或"生活"让你变成的人。

现在我们来看一些故事和科学道理，它们应该能改变你对于过去与现在是否真有"因果"关系的看法。

塔克·马克斯（Tucker Max）是一家成功的出版传媒公司的联合创始人，也是一个丈夫和三个孩子的父亲。现在的他最看重家庭，但 2006 年的他却是另一副模样。当年，他出版了《我希望在地狱里仍有酒喝》（*I Hope They Serve Beer in Hell*）一书。该书一炮走红，登上《纽约时报》畅销书排行榜榜首，销量达数百万册。

这本书和马克斯的后续著作讲述了他 20 岁至 30 岁出头时的生活：夜夜纵酒，与一连串的陌生人性交，对遇到的任何人都傲慢而怀有敌意，并对身边的每一个人大放厥词，污言秽语，不论男女。

书大获成功，马克斯也暴得大名，于是《我希望在地狱里仍有酒喝》被拍摄成电影，于 2009 年上映。人们对这部电影的期待很高，而且尽管马克斯的行事风格和态度饱受诟病，既往的成功和电影的呼声让他觉得自己被认可了。但影片上映后，票房惨淡，评论家还一致批判其为年度最差电影之一。

过了将近十年，马克斯在 2018 年接受汤姆·比利厄

（Tom Bilyeu）采访时说电影折戟是他人生中最惨的经历之一，更是最失望的事情之一。巨大的痛苦终于让他直面一直都在躲避的恶魔。

他的自尊心严重受创，脆弱无助。他不得不**对自己**承认，他并不快乐。

电影失败后，他经历了三年的心理治疗、自我反省、坦诚和蜕变。2012 年，塔克·马克斯通过《福布斯》（*Forbes*）杂志访谈公开声明自己已经放弃了之前的生活方式："我在此公开宣告隐退。我从此要过上自由的生活，我认为最好的办法就是做一个公开的了结。"

当你与今天的马克斯谈论他过去的生活时，他并不会痛苦、愤怒或尴尬。他告诉我，每当他读起自己过去的作品，感觉就像在读**完全是另一个人**写的文字。他的情绪创伤已经痊愈了，一个明确的迹象就是他对过往经历的看法是同情乃至**积极**的，而不再是消极的。

"每当我想起当年的我，我为他感到难过，"马克斯告诉我，"我现在能理解他为什么要那样做。我特别同情他。"

这是最不可思议、最带给人希望和救赎的事情，超过本书中的任何一句话：当你开始主动地、有意识地往前走时，不仅你的未来会更好，**你的过去也会更好**。过去会越来越成为**对你有意义**的事情，而不是你的遭遇。

马克斯的"失败"尽管在当时很痛苦,却正是他需要的。失败对他是有意义的,而不只是遭遇。从此,他有了一个崇高得多、有益得多的人生使命。

当你真正学习并拥有了新的体验时,你就会开始用新的方式来看待和诠释自己的过去。如果你对过去的看法在过去几个月或几年里没有多大变化,那你就没有吸取过去的经验教训,你现在也没有在主动学习。

一成不变的过去是情绪疏离与刻板的确切表现——回避真相,不肯往前走。你越是成熟,对过往经历的看法就会越不同。我最近一直觉得自己之前在公事和人际关系中的做法有不好的地方,甚至包括去年做的事。

你的过去是可以改变的,也必须改变。

你的过去会**随着你的成长**而发展。

要想理解过去是如何变化的,你需要对记忆乃至"历史"整体的机制有一点认识。

历史一直在随着叙述者身份与距今的时间长短而演变修正。比方说,如果你读一本20世纪50年代美国作者撰写的关于冷战起源的著述,书中肯定会有大量材料说明苏联是始作俑者。书里会提到斯大林出兵攻占东欧,而且要将共产主义扩展到地球的每一个角落。

但翻开20世纪60年代末的美国历史书,你可能会读到另一个故事。你会读到美国要在经济上控制欧洲,确立美元在欧洲国家的地位。你会读到杜鲁门在波茨坦会议上表现强势,还投放了原子弹。你会知道要为冷战负责的不是苏联,而是华盛顿,斯大林只是因为苏联在第二次世界大战中损失超过两千万人而采取了防御性手段。

到了 20 世纪 80 和 90 年代,又有了新视角下的新叙事。历史学家会说,由于东西方存在的意识形态差异,冷战不可避免,把错归咎于一个人乃至一个国家都是徒劳的。

与随着时间和视角不断变化的历史一样,我们的个人叙事也会随着时间和每一次重述而调整或变化。之所以如此的一个原因是,记忆并非一个静态的文件柜。相反,记忆是流动的,会随着新经验的加入而不断变化。事实上,只要重述某一段记忆,整个记忆就会改变。每个人的记忆都是一张联结之网,当一段记忆加入了新的联结时,记忆整体都会在无意间发生即刻的变化。

一个故事被讲述的次数越多,它的变化就越大。随着时间的流逝与文化的流变,我们对历史和具体事件的认识会发生转移。记忆也是如此。过去和我们对过去的看法更多反映的是当下状况,而非过去本身。心理学家布伦特·斯莱夫(Brent Slife)博士在《时间与心理学解释》(*Time and Psychological Explanation*)一书中写道:

第一章 性格的误解：五种流行的错误观点

我们会根据自己当前的心理状态来重释或重构记忆。在这个意义上，**更准确的说法是"当下是因，过去的意义是果"，而非"过去是因，当下的意义是果"**（强调为引用者所加）……记忆不是"被储存"的"客观"事物，而是当下自我的有机组成部分。所以，当下的情绪和未来的目标会影响我们的记忆。

乍看起来，当下状况影响过去意义的看法或许没有道理。但你很快会发现，事情其实没那么复杂。比方说，想象一天早晨你去上班，老板叫你过去。然后她出乎意料地、看似没来由地给你加了10%的薪水。你兴奋极了！你兴高采烈地走出了办公室。

当天吃午饭的时候，你与职位相当的同事分享喜讯。结果她告诉你，她上午也加薪了，但幅度是15%。

你对这条新信息感觉如何？还兴高采烈吗？估计大多数人都高兴不起来了。

可为什么呢？加薪10%**并没有变**……但它的意义变了。

新的情境改变了一切。10%本身其实没有多少意义。它只有相对的意义。你之前是将加薪10%与原来的薪水相比，现在则是与同事的加薪15%相比。

当下的情境改变了过去的意义。伊朗诗人萨迪·设拉兹

（Saadi Shirazi）的一句诗就体现了这一真理："我因为自己没有鞋子而哭，直到我遇见一个没有脚的人。"因此，没有鞋子这一问题的严重程度是相对的。

情境会改变一切。但性格测试假定你的得分在所有情境下都是"你"，忽视了情境。

情境也会改变记忆。记忆的内容会变，就像菜谱加入了新食材会变一样。因此，新的体验会改变之前的记忆，为记忆加入新的视角和意义。有时，新的体验会让你完全忘掉之前的经验。

与个性一样，我们的过去也不是固定不变的。**情境**比内容重要得多。情境永远先于内容，因为情境决定了内容的意义、焦点、重点甚至形象。改变情境的同时就改变了内容！

某件事发生在过去，并不意味着这一事件或经历就是"客观"的。这一点可能是一剂苦药，尤其是对过去或特定事件固执己见的人来说。

与任何经历或事件一样，我们看待过去采用的是一种主观视角，它的意义由我们自己赋予——不管正面还是负面、好还是坏。来自过去的经验无疑可以影响我们，也确实影响着我们。但真正发挥影响的不是过去，而是我们当下**对过去**的解读和附着于过去的情绪。

说出"因为我过去的经历，所以我就是如今这样"就是

第一章 性格的误解：五种流行的错误观点

宣布你的情绪还停留在过去。

我们所有人都可能经历大大小小的创伤，也确实经历过。没有解开的创伤会让我们停止前进。我们的情绪会变得僵化而封闭，于是我们停止学习、进步和变化。于是，过去也会变得僵化，记忆顽固而痛苦地存在着。

如果不断逃避过去的创伤及其带来的情绪，生活就会陷入不健康的重复模式。若是这样，那么没错，过去确实能准确预测未来。这不是因为性格不变，而是因为我们逃避变化，反反复复地经历着同样的教训。

创伤未解的一个明显迹象是生活与性格长期不变。但当一个人面对创伤，更加开放地对待它，更多地意识到它，最终重构它时，他就能够积极而成熟地审视自己的过去。他的当下和未来就不会再重复他的过去了。

塔克·马克斯怀着同情和更深的理解来看待过去的自己。他不再认为现在和过去的自己**相同**。那是两个价值观、目标和情境都不同的完全不同的人。而且尽管马克斯未必想要成为过去的自己，但他对那个人和类似的人有同理心。

随着他的成长，他对往事的看法也在发展。他不再是过去的受害者。现在的他不是由过去的他导致的。相反，过去的意义在持续延伸和变化，因为他选择不再沉溺于过去。

马克斯已经选择，也会继续选择向前进的人生。他在学习、体验新事物,将经验融入自身,促进自我和人生意义的发展。马克斯**未来的自我**——包括他的价值观和他的家庭——愈发牵引着现在的他前进。

因此,"现在的马克斯是由过去的马克斯导致的"是一个愚蠢的说法。事实上,他的过去随着他正在变成的样子而**持续变化**。

你和我也是一样。

与过去实际发生的事情相比,当下的自我更多的是与我们如何描述、解释、认同自己的往事有关。

举个例子,如果你仍然为儿时的经历而怨恨父母,这更多反映的是**当下的你**,而不是儿时真正发生过的事情。继续对过去的人或事进行谴责会让你成为受害者,它影响的主要是你,而不是你谴责的任何人、事、物。

我不想,也没有试图贬低你的经历。也许你经历过真正可怕的事情,也许你见过你以为将永远历历在目的事情。这些经历或许非常棘手,可能会让你感到被误解和孤独。

但"改变你的过去"并不意味着你应该改变或贬低任何过往经历的内容!这些经历可能是一座蕴含着洞见、意义和可能性的金矿。

需要改变的不是过去的内容,而是你**现在对过去的看法**。正如作家马塞尔·普鲁斯特(Marcel Proust)所说,"真正的发现之旅不在于寻找新的风景,而在于拥有新的眼睛"。重点不在于看见一百万个事物,而在于用一百万种不同的方式看待同一个事物,当然,我们希望用的是更好的、更有益的方式。

用更健康有益的方式看待自己的过去是个人成长的自然组成部分。寻求新体验是成长重要且有力的一环。但人们往往没有从这些体验中学到东西,也没有因为它们而发生改变,反而常常回避它们,或者没有吸取经验本身带来的教训。

要想主动创造新体验并随之改变自己,你的心态就必须更加灵活。心理灵活性(psychological flexibility)是一种有关适应性和流动性、对自己的情绪拿得起放得下、朝着选定的目标或价值前进的技能。重构过去的自己和想象未来的自己都需要灵活的心态。你的心态越灵活,就越不容易被情绪压垮或妨碍,而是会接纳情绪并从中吸取教训。

灵活的心态是个人情绪修养的一部分。情绪发展是理解个性的核心。一个人情绪发展越低下、灵活性越差,就越容易回避棘手的经历,越容易被痛苦往事限制和定义。这种看法有些反直觉,因为许多人相信应对棘手经历的最好方法就是把情绪埋起来,独自投入一场无声的战斗。

直面自己的过去和接受他人的帮助对心态灵活性与情绪发展有帮助。每次直面过去,都会改变过去;每次诚实勇敢地面对未来,都会让你更加灵活和成熟。你会树立自信,进而提升想象力。你不会再被过去的自己和现在的感受束缚,而是可以成为想成为的人、做想做的事,不管具体是成为怎样的人、做怎样的事。

情绪是通往成长和学习的大门。人们的性格之所以止步不前,并循环反复,是因为他们在逃避学习中以及与他人交往中遇到的棘手的、有挑战性的情绪。于是,对自身过去的狭隘看法会一直拖累自己,但这其实根本没有必要。

> **自我检测**
>
> 你是怎样讲述自己过去的故事的呢?
>
> 过去的你是怎样的人?
>
> 现在的你与过去的你有何不同?
>
> 新经验如何改变了你的过去?
>
> 如果往事不再是遭遇,而是有意义的经验,那么你的生活会有怎样的不同呢?
>
> 过去和现在的自己是两个从根本上不同的人——如果你接受了这一事实,你的生活会如何改变?
>
> 如果你不再因为自己的过去而谴责自己,或是限制自己的未来,你的生活会怎样呢?

误解四:性格只能被"找到"

> 生活的重点不在于找到自我,而在于创造自我。
>
> ——萧伯纳(George Bernard Shaw)

我有一个名叫凯瑞的朋友。她 40 岁出头,从来没有找到过自己热爱的工作。每隔几年,她就转一次行,从来不曾推动过所在组织的重大变革。

她灰心丧气,因为她好像不知道自己到底是谁。她看着身边的许多朋友和同事,觉得他们好像知道一些她并不知道的事情。"他们好像已经发现了生活的奥秘,"她告诉我,"他们发现了自己的天分和热情,然后将其发扬光大。"

凯瑞还在等着"找到"自己。她的人生态度是被动的,不是主动的。她盼望着自己在某一刻被闪电击中,茅塞顿开,**那时**就能够自信地前行了。那时她就能真正成为自己。

凯瑞没有理解是行动先于启示,而不是启示先于行动。不会有闪电击中她,除非她采取行动。她的自信心和想象力会一直保持低迷,直到她采取行动。她需要**决定**自己想要什么,然后开始前进。有了进步——哪怕是微小的进步——她在生活上的清晰度会增加,她会更自信,会为更灵活的心态与更大的转变打开大门。

凯瑞担心不能"找到"自己或者自己热爱的东西,这并不新鲜,也不特殊。有种常见的想法认为,"热情"是一种先发现后发扬的东西。如果你没有热情,就什么都不是。你是无趣的人。这就是当代流行文化传递的信息,恰好符合我们的文化对性格测试的痴迷。热情被认为是要**找到**的东西,因为热情与性格一样被假定是固有的、独一无二的。

卡尔·钮波特(Cal Newport)在《优秀到不能被忽视》(So Good They Can't Ignore You)一书中主张,你不应该试图找到自己的热情,而应该培养稀有和有价值的技能。找到一个需求,然后开始满足它。一旦你练好了本领,开始见到成果,热情就会作为一种自然的副产品或者间接效应出现。他写道:"热情出现在你努力钻研有价值的事物之后,而非之前。换言之,从事什么远远没有如何从事来得重要。"

钮波特的热情观与动力相关的研究不谋而合。与热情一样,动力也不是被找到的,而是通过积极向前的行动创造出来的。

热情与动力都是结果,不是原因。哈佛大学心理学家杰罗姆·布鲁纳(Jerome Bruner)博士说过:"与有了感觉才干起来相比,干起来就有了感觉的可能性更大。"如前所述,信心也是一样的。你不可能一开始就有自信;自信一定是选定的、有目标的行动的副产物。

爱一行才干一行，就好比还未入职就先要工资。这是一夜暴富的想法，是完完全全的懒惰。不付出任何努力、不发挥创造力、不采取任何行动、不承担任何风险、不经历任何改变就想获得健全性格的想法与此是等同的。就像是被惯坏的富家小孩，什么都等着别人送到眼前。

热情是对你的奖赏，但你必须先有付出。

性格也是一样。性格不是被找到的，而是通过自己的行动和行为创造出来的。性格发现论跟性格固有论、性格基于过去论都是来自同样的错误思想。

事实并非如此。

性格——与热情、灵感、动力和信心一样——是人生决策的副产物。将性格视为人生决策的推动力是一种被束缚的、无效的看法，比如按照你当前的性格来选择职业。

你认为甘地、特蕾莎修女或任何其他带来巨大影响的人物是根据性格来做决定的吗？还是说他们是根据某种宏大得多的东西做出决定，然后通过坚守决定而塑成了性格？

使命先于性格。没有深切的使命感，你的性格基础就是动物性的低层次行为模式：逃避痛苦、追求快乐。这是大多数人关于性格的共同看法和行为。但当你以使命为动力时，你就会更加灵活，做出不顾苦乐的决定，创造想创造的事业，成为想成为的人。

另外，如果你认真对待使命，使命会改变你的性格。使命不是一种发现，而是你为自己做出的终极选择。不要再寻找了，做选择吧，然后让选择改造你。

性格应该是决定和目标的副产物，而不应该反过来。

在你主动有意识地做出积极的决定、锻炼技能、寻找新体验时，你的性格会发生有意义的成长变化。当你制订了高远的决定和目标，性格就会随之提升。不要因为现有的性格，就降低了决定和目标的层次。

试图找到性格会让人无所作为、回避麻烦的对话、用消费分散注意力、为现有的生活方式找借口。它会让你只能成为人生之车上的乘客，而实际上，你能够也应该当驾驶员。你可以是创造者。

性格发现论的另一个内在问题是，它会带来一种极其以自我为中心的思维。生活里全都是你自己。以如今职场对千禧一代员工的意见为例，千禧一代被认为是懒惰和自以为是的——不管这种看法是否公平——因为他们不愿意做任何不热爱的事情。他们陷入了一种思维陷阱，认为热爱应该是电光火石般的本能，而不是来自学习知识、锻炼技能和做出贡献。

作家、领导力专家西蒙·西内克（Simon Sinek）在一次《内心探索》（*Inside Quest*）节目的访谈中说，千禧一代之所以永远对工作心怀不满，部分原因是他们从小就相信自己应该得到想要的东西，并非他们付出了努力而值得，而仅仅是他们想要。没赢比赛，他们也有奖杯拿。他们是在科技产品和即时满足中成长起来的。从小学到大学，风气不断变化，以至于家长常常会替孩子找老师索要更高的分数。

从长远来看，比赛最后一名也有奖杯、拿到的分数不是实际分数，这些对自信心的建立是有害的。西内克等人认为，千禧一代接受的教育不是想要就去争取，而是指望着不劳而获。既然他们缺乏自尊心又渴望即时满足，觉得性格测试吸引人便不足为奇。你不用动脑，也不用承担任何责任，就能马上得到简单的答案。

性格测试是灵魂的快餐，让你以为能在一瞬间找到真正的自己。与凯瑟琳·布里格斯认为一切行为都应该适应性格的看法一样，性格测试会让你觉得现在的自己和生活方式有了合理的解释。

但你不该这样。性格不是被"找"出来的。

与其等着生活来找你，或等着父母、爱人来帮你，为什么不去掌握自己人生的主动权呢？为什么不去学习如何做决定、导引人生的航向呢？为什么要把自己局限于现在呢？为什么要为了一个脆弱的身份认同而回避失败呢？为什么不通过自己的选择和努力成为了不起的人呢？

卡尔·钮波特认为，试图找到人生所热爱的事物这个想法是基于自私。人们之所以想找到热爱的工作，是因为他们被教导相信工作只与自己有关，工作只是为了自己。世界上最成功的人知道，工作是帮助他人、为他人创造价值。正如钮波特所说，"如果你想爱上自己的工作，那就放下热情思维（'世界能为我带来什么'），换上工匠思维（'我能为世界带来什么'）吧"。

试图"找到"自己还有最后一个问题：它会让你在那些你觉得或困难或复杂或不属于"天生"强项的情况中格外不灵活。

我们往往懒惰地给自己贴上"内向"之类的标签，而非去适应困难，以此证明我们在不同情景中缺少意愿、追求和开放性是合理的。于是，我们跌到了标签所在的层次，而没有提升到目标所在的层次，进而回避冲突、难题和新事物，把自己局限在浅薄的自我认知中。我们阻断了自我成长。我们只做能带来即时满足或成果的事情。

认为必须找到自己的性格是一种**刻板心态**，它会让你无法运用或创造机会去改变自己。

2015 年，我在博士一年级的时候和妻子劳伦收养了三个孩子。我们之前从没养过孩子，对育儿也没做过多少功课，不知道如何应付三个孩子对我们的依恋和其他情绪需要。

第一章 性格的误解：五种流行的错误观点

当养父的第一年，我不断应对感觉上远超出我的"天生能力"的种种挑战。我从来没有那么心力交瘁过。甚至可以说，我在育儿的第一年几乎没有感受到任何热情或激动。事实上，我常常会躲着家走，因为养育孩子太难太苦了。从一开始到现在，育儿一直是我做过的最困难的事，许多家长也有同感。育儿仿佛是一个我的缺陷的放大镜。

我常常因为自己对孩子的反应或对他们缺乏耐心、同情心和同理心而失望，但我又每每为自己愿意对孩子做的事情，或者我对他们的真诚热爱而惊讶。

为人父母绝非易事或"自然而然"。每位家长都要经历一个学习曲线。但对我来说，育儿过去和现在都是一段**转变性的经历**，让我成为一个更好的人，也让我的整个人生变得更好。而且，我对育儿的热情和兴趣是逐渐上升的，育儿是一件我每天都愿意去做，并会做得越来越好的事，是一件我知道自己会擅长、精通的事。

让人成长最多的往往是把握住超出既有能力和经验的机会，或者承担这样的责任（或看似"非自然而然"的机会和责任）。如果你只是等着找到自己直觉上或一下子就会热爱的事情，那就会错失大部分成长和成功的最佳机会，会错失无数次超越现在的自己的机会。你不会明白一条真理：与热情一样，性格是你在生活中通过努力创造出来的。

等待一次恰好符合你内在性格的激发热情的机遇,就相当于在说:"世界上有上百万个成长的机会,但我偏要等那百万分之一恰好符合我当下狭隘经验和视角的机会。"

恋爱中也会有"发现误区"。人们以为性格是固有不变的,于是耗费无数时间寻找"完美"的婚恋对象。对人的根本性的误解让许多人从未有过长期恋情。他们以为只要找到了那个"对"的人,一切就水到渠成了。

这是无知的表现。经营一段成功的婚姻或伴侣关系与养育子女同样难,收获也同样大。

正如你永远不会"找到"自我一样,你永远无法"找到"完美的灵魂伴侣。人们想找到完美对象和想找到完美工作的原因是相同的,都是因为"发现"视角的自私性:以满足私欲和愉悦自身为全部的最终目标,而不是把目光放远,让幸福自然到来。哈佛大学商学院教授克莱顿·克里斯滕森(Clayton Christensen)评论道:"幸福之路是找到一个你想使其幸福的人,你值得为了那个人的幸福而投入。"

很明显,**结婚的理由绝不能是因为对方的性格特点**。为什么?因为性格会随时间变化。当然,两人肯定要合得来。但你最初爱上的那个人过了2年、5年、10年、20年性格就并非原样了。随着两人关系中所处的情境和涉及的种种问题——工作、金钱、住址、孩子、旅行、年龄、遭遇、成

第一章 性格的误解：五种流行的错误观点

功、新的信息、新的经历、文化、身份——的变化，两人的性格都会变化。

再者，哪怕是最迷人、最有魅力的性格，人们也会逐渐对其失去新鲜感。在选择结婚对象时，看一个人的未来——你眼中他将来会成为什么人——看他是否能帮助你成为未来想要的自己，要比看一个人现在的样子明智和审慎得多。与这个人结婚能不能帮助你成就你想成就的事业、成为你想成为的人？你会帮助他达成他真正的愿望吗？如果你们结为伴侣，你们会成为怎样的人？

结婚要看是否志同道合，而不是看性格。共同的使命会逐渐改造你们双方。

稳固的关系不在于"找到"，而在于通过这段关系**共同创造并成为新人**。双方都必须调整和改变，同心一志，实现"一加一大于二"的效果。如果感情中的一方或双方都不愿意为了感情而改变，感情就会衰退，最后很可能走向失败。高质量的感情不是交易，而是要成就转变。转变往往是不可预知和出乎意料的，因为合作是一场创造性活动。

> **💡 自我检测**
>
> 那么,你为自己创造了什么使命呢?
>
> 如果你不再寻找自我,而是变得更有创造性和协作性,那会发生什么?
>
> 如果你按照心之所向来雕琢自己的性格,它会有怎样的发展和变化?
>
> 如果你可以创造性地设计自我,你会变成什么样的人?

误解五:性格是"本真的"自我

最后一个对性格的误解是,性格即"真"我,你应该"忠于"性格。这个错误观点让人们狭隘地固着于他们对自己的看法。

举个例子,许多美国青少年正变得越来越死板。美国各地都有学生要求取消课堂报告,因为他们有焦虑问题,在大庭广众下发言"不自在"。他们认为自己不应该被要求做感觉如此不自然的事情。

《大西洋》杂志(*the Atlantic*)刊登了一篇题为《青少年抗议课堂报告》的文章,文中提到,有一名15岁学生在推特上发表了一篇推文——"不要再逼学生在全班同学面前做报告了,让学生可以说不",引来 13 万余次转发和近 50 万个赞。另一位中学生则发表推文称:"老师们,请不要再逼学生为了得高分而做课堂报告和举手回答问题了。焦虑是真实存在的。"又有一名 14 岁的八年级学生乌拉说:"任何人都不应该被迫做让他觉得不舒服的事情。哪怕在全班同学面前发言有利于树立自信心,而且是作业的一部分,我认为如果一个学生确实因此感到焦虑不安,那大概就应该减轻一些做报告的压力。上学不应该让学生害怕。"

有意思的是,许多教师赞同这些学生的意见,正在寻找其他情绪和社交风险较小、让人更自在的学习形式。这些教师没有帮助学生变得更成熟自信,而是迎合学生的需求,本质上是在合理化青少年的封闭心态和刻板心理。

传统的性格固有不变论存在一个根本问题:人们会觉得只做让自己感到自然或轻松的事情是合情合理的。如果一件事是困难或麻烦的,人们就会说:"我不必非得做这件事。"

现代社会对"本真"看得非常高,这一点很有启发性。人们相信存在一个"真我"——"真实"的自我——人应该忠于真我。它被视为固有的、"真实"的自我。这种思路会让人们说出这样的话:"我要忠于自我。我不应该否认自己现在的任何感受。我不应该对自己说谎。感觉对了就应该去做。"

这种想法本意是好的，但却反映了一种封闭的心态，而且往往是对创伤经历或不良亲子关系的反应。来自极端家庭环境的孩子——不管是过分严格，还是基本不管教——往往会渴望这种基于情绪的自我引导。

我知道现在有许多人，他们往往成年而尚未成熟，借着"本真"和遵循"真我"的名义自我设限。流行文化让人们将"本真"定义为"我当下的任何感受"，就像上面提到的八年级学生一样。在深入挖掘和提问的过程中，我常常发现这些人有缺失感，害怕达不到父母的要求。

对"本真"的欲求会让人沉溺于不健康的行为模式中，被自己的不安全感困锁。我们把满腹牢骚的高中生跟沃顿商学院教授、《纽约时报》畅销书作者亚当·格兰特对比一下吧。他阐释了自己曾如何克服当众发言的焦虑。为了成为想成为的人，他不得不放下"真我"的观念。格兰特在犹他州立大学的一次毕业典礼上说道：

> 如果你人生中最看重的价值是本真，你的自我发展就有受阻的危险。上中学的时候，有位朋友请我到他们班做演讲。我害怕当众发言，但又想帮朋友的忙，于是答应了。我觉得那是一次不错的学习机会，于是课后向同学们分发了意见反馈表，征求可以改进的地方。结果是残酷的。有一个同学说我

第一章 性格的误解：五种流行的错误观点

太紧张了，让全班同学都坐不安稳。我的"真我"不喜欢当众发言。但我开始主动要求多做发言，我知道只有这样才能进步。我没有忠于自己，而是忠于我想成为的那个自己。

如今，"本真"往往换了一种表达："我思维封闭。我走我自己的路，除了一上来就觉得轻松自然的事情，其他事都别指望我会做。除了我现在感觉对的事情，我都不应该做。"

真我并非现在的自己，更不是习以为常的自己。真我是你所最笃信的、最想成为的自己。另外，真我是会变的。本真在于诚实，诚实在于面对真相，而不是因为不想进行艰难的对话就给自己的局限性找理由。

> ● 自我检测
>
> 你真正想成为的是怎样的人？
>
> 如果你不再固守"真我"，而是面对自我设限的真实原因，会发生什么？
>
> 如果你与生命中重要的人进行了艰难的对话，会发生什么？
>
> 如果你"忠于"未来的自己，而非当下的恐惧，会发生什么？

📎 本章结语

性格不是简简单单做一次性格测试就能知道的。性格不是固有不变的。它不是你的过去，更不是"本真"的你。你不是必须先寻找和发现自己的性格，然后才能开始活出自我。

这些错误观点尽管常见，却是谬论，会限制你作为人的潜能与自由。如果你之前陷入过这些文化神话中的任何一个，那么请放下它们，至少要质疑它们的合理性以及对你的人生和未来的影响。

当你看着自己或他人时，你看到的不只是一个不变的"类型"。相反，你看到的是一种身份认同、一段故事、众多往事、期待、文化等等。人是动态的。我们应该多一点同情与理解，少一些肤浅和评判。

你很快就会发现，你可以决定并创造自己的性格。性格是动态的、可塑的。当你理解了性格的原理和操控性格影响因素的方法时，你就能成为未来自我的导演。你会取得人生和事业的巨大进步。你的学习能力、灵活性和适应性都会提升。你的过去和未来将更多地由你亲手塑造和定义。

本书接下来的内容将告诉你如何做到这些。

第二章

性格的真相：
基于目标，
创造理想性格

性格的真相是，性格可以、应该也确实会改变。目标塑造身份认同，身份认同塑造行动，行动会塑造你现在和未来的性格。

> 对自己未来的展望是一个人最大的资产。没有目标,想得分,难矣。
>
> ——保罗·亚顿(Paul Arden)

服刑14年后,安德烈·诺曼(Andre Norman)进入哈佛大学就读,决定将余生奉献在帮助他人上。尽管安德烈的转变出乎意料,但他当初入狱的原因或许更令人吃惊。

安德烈入狱的原因是14岁那年放弃了吹小号。

回望人生,安德烈意识到放弃吹小号是他人生走下坡路的转折点,也最终让他放弃了其他一切重要的东西,包括他自己。

"进监狱的不是坏人,"安德烈在我家的客厅里告诉我的孩子们,"是放弃的人。"

安德烈在波士顿的贫民窟长大。他生活在凋敝的环境中,身边都是问题儿童,几乎没有任何"出去"的机会。但由于天意或是幸运，六年级的时候，埃利斯老师看到了他的潜力。从六年级到八年级，埃利斯老师担任着安德烈的乐队老师。

她指引安德烈成了一名号手，还对他表现出了热切的关爱和真诚的兴趣，这些关爱和兴趣都是安德烈从未体验过的。渐渐地，安德烈变得不想让她失望。他对别的课都不太上心，但为了埃利斯老师，他还是去上了。他在乎埃利斯老师的想法。与埃利斯老师共处的几年里，安德烈开始发展自己吹小号的天赋。

那把小号是他人生中唯一一个健康的、有创造性的出口。小号给了他上学的理由。在一段时间里，他的身份认同是由小号定义的。他围绕着小号构筑未来的希望。小号赋予了他自我意识与使命意识。

升高中的时候，埃利斯老师主动为他填写了重点高中的资料，没有让他像大多数同学一样上学区高中。那所重点高中的乐队很强，指导老师正好是她的丈夫埃利斯先生。她觉得丈夫可以帮到安德烈，乐队也能帮助他越过身边的无数险阻。

安德烈与埃利斯老师争论过，但最后老师赢了。他尊重她的意见，因为她为他挺身而出，哪怕要面对觉得他一无是处的其他老师们。

性格修正

安德烈的九年级是在重点高中上的。但他辜负了埃利斯老师的期许。安德烈在说明自己的处境时告诉我,当时的他有两个性格。一方面,他是一个热爱音乐的孩子;另一方面,他又想当酷小孩,而不是呆子。

他觉得乐队里的其他孩子都是呆子。尽管他喜欢乐队,但他不想跟乐队里的人玩。他对他们其实没有认同感,也不想有。相反,他到了他眼中的"酷"小孩身边,这些人恰好也是闯祸精。

第一年过去了几个月后,安德烈的"酷"朋友们看他拿着小号就烦。"跟十个打篮球的人出去玩,就别拿着个棒球,"安德烈告诉我,"他们不懂。"

"把那个该死的小号盒扔掉,否则你就别想跟我们玩。"他们对他说。

那是个艰难的决定,但安德烈还是向社交压力屈从了。他把小号丢进了垃圾桶,随之被丢弃的也有那个热爱音乐的自己。失去了小号的他,只以一种方式看待自己:一个酷小孩。在那时的他看来,这就意味着模仿朋友们那些稚气的、犯罪的行为。他的小号,曾一度意味着他的"使命",如今已经不见了。

失去了使命和随之而来的身份认同,安德烈便没有了继续上学的理由。上学不再符合他的身份认同或目标。他不再

第二章　性格的真相：基于目标，创造理想性格

周旋于两个不同的世界，而是一头扎进了他社交圈子里的犯罪活动，戴上了他们的性格面具。渐渐地，他开始将自己视为一个为了得到想要的东西而伤人或杀人的恶棍。他也变成了这样的人。

18岁时，安德烈因打劫毒贩入狱。

服刑的前六年，安德烈对身边的人愈发敌视。监狱是一个危险的环境，但安德烈完全适应了。他很快明白帮派世界是分等级的。等级高低是按照犯罪的数量和种类排定的。

"你要赢取歹徒的支持，就像电影《角斗士》(*Gladiator*)里那样，"他告诉我，"你需要身边的人。这些都在于你的表现和性格。你的地位只跟你最近的一仗有关。"

安德烈在监狱帮派的地位开始攀升，名气传扬开来。有一天，他带刀进了监狱体育馆，计划杀死其中的八个人，然后再杀其他看不顺眼的人。他知道自己会被判处八次终身监禁，于是就想，"再多加几个得了"。他的目标是提升自己的地位。

他在体育馆里捅了几个人。

"没死人，只是几起谋杀未遂。"他告诉我，口气里带着些许轻松。

他为此被单独监禁了两年半，刑期加长十年，但他也因此成了帮派里的三号人物。他的目标和关注点正在于此，所以加刑和单独监禁其实都是他的勋章，是地位和名望提高的

标志。他在巩固自己的身份认同。

他的目标塑造了身份认同，身份认同塑造了行动，行动又塑造了他是谁以及正在变成的人。性格就是这样形成的。

单独监禁即将结束的一天，安德烈照例去操场上进行每日的"放风"。在放风的一个小时里，有朋友告诉他昨天晚上另一所监狱里发生了暴乱，他们帮派里有些人被捅了。

安德烈闻讯大怒，马上在头脑里谋划如何杀掉他所在牢房区里与暴乱有关的人。"白人捅了我的朋友，"他心里想，"所以我要把我这边单人牢房里的白人杀光。"

安德烈的想法极其地非黑即白，在字面和比喻意义上都一样。因为白人捅了他的朋友，他就觉得那是"白人"的错，他们必须受到惩罚。"要是墨西哥人捅了我的朋友，我就要把墨西哥人杀光。"他告诉我。安德烈非黑即白的思想反映了常见的传统性格观。我们用类型看人。我们把人分类。我们无视细节和情境。我们证实自己的偏见。我们或有意或无意地无视自己不想看到的事物。

安德烈的单人牢房区里有七个白人。七个人都是"有座次"的帮派成员。杀掉他们会让安德烈无可置疑地坐上头把交椅。这是他的机会。他的目标和愿景终于触手可及了。

"等这小子讲完，我就过去把他们全杀掉。然后我就是老大了。"安德烈听朋友讲暴乱经过时心里想。

但还没等朋友讲完，一件意想不到的事情发生了。他从心灵的层面深入思考了自己的行为和目标会带来的终极结果。他只能用神启来解释。就是那么深刻。

那一天，神带我进了"绿野仙踪"。在《绿野仙踪》(The Wizard of Oz)的结尾，桃乐丝（Dorothy）发现奥兹国的巫师根本不存在，有的只是烟雾和镜像，全都是骗人的。在那一刻前，我觉得自己要成为世界之王了。但我现在明白了，我只会成为乌有之王，全是虚无。

朋友正讲着，注意到安德烈在出神。"哎！你怎么了，老兄？你在听我说话吗？"

安德烈完全沉浸在自己的脑海里。他恍然大悟，原来争当监狱帮派老大就像追寻奥兹国巫师一样。过去六年，他一直在那条黄砖路上。路的尽头是虚无，是虚妄，是浅薄的追求。

他的很多人生经历和身份认同在眼前闪过。他终于从情绪和心灵的层次对当下目标的合理性发出了质疑。他在考虑终极的结果，以及这个结果——未来的自己和由此衍生出来的一切——是否值得投入，未来那样的人是否值得成为。

这一刻，安德烈在真正地问自己和自己的目标，这是成为一个有意识的人的关键。这也是你必须经历的体验。思考一下你自己的目标和雄心吧。

你人生中真正想完成什么？

你正在做的事情的终极意义是什么？

你为什么选择了**这件事**？

你正在做的事情值得做吗？

你是否走在一条不通向任何地方的黄砖路？

即使你正在走向"某个地方"，你的眼界是否也太狭隘？

> **自我检测**
>
> 你的黄砖路的尽头在哪里？
>
> 你现在的人生路通往哪里？
>
> 你攀爬的梯子放在哪里？你到"顶端"以后会到什么地方？

史蒂芬·科维（Stephen Covey）博士说过："如果攀爬的梯子没有靠在对的墙上，那么每一步都只是离错误的地方更近一点。"如果你追求的目标是错的，那就不可能解锁你要找的自信和你知道就在自己身体里的力量。

第二章 性格的真相：基于目标，创造理想性格

安德烈那天没有捅任何人。他走回自己的牢房，坐在床上，心里想着："如果我不想当乌有之王，那我**现在**要做什么？"

他不得不反思自己的整个人生。他过去几年的计划就是成王。而现在成"王"已经毫无意义。他需要一个新的目标。

一开始，他打算从监狱出去。他再也不想待在监狱里了。但他接着又想，光是"出去"可不够。75%的犯人都会二进宫。不吸取教训就会被反复教训。安德烈给自己定的目标不是"出狱"，而是"成功"。

"成功的人都从哪里来？"他心里想，"他们从大学里来。我上大学，我也会成功。"那就是他的想法。

在波士顿长大的他只知道一所大学的名字：哈佛大学。经历了"绿野仙踪"时刻后，坐在牢房里反思自己的人生与未来，他做出了决定，他要上哈佛大学。

哈佛大学成了安德烈的新"小号"。

这是一个值得努力的目标和使命。就像小号一样，他可以围绕哈佛大学构建新的身份认同——这个身份认同将引导他做事、交友和选择。他执着于这个目标。它成了他存在的意义。它赋予了他一个有益的建设性目标去思考、去努力、去围绕它打造新生。

单单这个目标，安德烈的新使命，给了他一条走出监狱、重获新生的道路。它最终在他身上塑造出了新的性格。

安德烈又过了八年才出狱。他在这八年里很忙。新使命是他一切行为的方针和动力。只要**动因**足够有力，你就总能坚持到底，不惜一切**方法**。安德烈自学读书、写作和法律，还学会了管理自己的怒气。他的导师是一名正统派犹太教拉比，帮助他认识他自己的生命，让他明白了自己是怎样走到了这一步。他开始懂得宽恕、担当、责任和服务。

"拉比教会了我做人。"安德烈告诉我。

安德烈的新目标创造了一个新"滤镜"，改变了他看待自己和环境的视角。他不再关注身边的种种负能量，而是聚焦于朝向新目标的进步机会。

出狱后，安德烈成了刑满释放人员重获新生的优秀典型。他出名了。他在世界各地发表演讲，甚至包括麻省理工学院和哈佛大学等知名院校。

出狱 16 年后的 2015 年，他当上了哈佛大学的研究员。他在大学里有了自己的办公室。校方为他关于减少美国犯罪暴乱的研究提供了资金。现在，安德烈是一位国际知名的演说家。他已经帮助成千上万人戒瘾，使他们让自己的人生变得更好。

安德烈的故事展现了**性格的真相**。安德烈的性格是由使命塑造的。一开始是小号，然后是成王，接着是哈佛大学。每个使命都塑造出了不一样的安德烈。

性格是果，不是因。性格主要是由你的目标、身份认同和源于目标的行为塑造而成的。对大多数人来说，性格都是对人生际遇、环境和社会压力的反应，未经有意规划、扪心拷问和审慎选择。

当你有意识地对待自己的前途时，你就能成为想成为的人。你可以离开自己的黄砖路；可以放下一贯的自己。你的过去不一定会决定最终你是谁。你的行为不一定要符合一贯以来的自己。你可以改变，根本性地改变。

让我们进一步分解一下。

目标塑造身份认同、形成性格

不管你有没有意识到，你所做的一切都有一个使命，或者说目标，而目标会塑造你的身份认同。当安德烈放弃小号时，继续参加乐团并成为音乐家就不再是他的目标了。于是，他脱离了身份认同的这个方面。接着，他的使命成了融入朋友，从而塑造了他的身份认同、行为和境遇。这些又会逐渐塑造他的性格与未来。

塑造身份认同的是目标，而非预定的性格特质。随着时间的推移，通过反复的行为，你的身份认同就会成为你的性格。

古典哲学中的"目的论"（teleology，源于古希腊语的 telos，本意是目的）有助于我们理解这一点。一切人类行为的**根本动力和原因都是目的、目标或使命**。但这些目标可能不是外显的，也没有完善的定义。打开 YouTube 软件分散几分钟的注意力是有目的的，哪怕只是分散注意力。付账单、跟朋友玩儿，就连兴趣爱好也都有其目的。

> **自我检测**
>
> 你为什么要做这件事？
> 它的使命、原因或意义是什么？
> 它的目标是什么？
> 这个"目标"是否契合你最终要做成的事情？

再无用的行为也有目标驱动。拖延和分散注意力有目的，哪怕只是为了让自己麻木一会儿。

每个行为都有原因。懂得自己为什么要做某件事对成为有觉知的人至关重要。明白自己做的每件事都有目标，你就能权衡决策的好坏优劣。

一切行为的终极动力都是成果。成果可能是精神上的，可能是经济上的，可能是迫切的，可能是社会性的，也可能是情绪上的。

如果你问安德烈为什么喜欢吹小号，他可能会说吹小号有意思，或者因为他喜欢埃利斯老师。如果你问他为什么想融入酷小孩，他不会做太多解释，除了他觉得那些人"酷"，他想跟他们一样。这时的安德烈没有真正思考过自己的目标，以及目标对行为的影响。对于欲望或兴趣会将他带向何方，他没有足够的觉知。

正如苏格拉底所说，"未经省察的人生不值得过"。

现在，我们来花点时间省察你的人生。首先反思你过去24小时里做过的事，这有助于你看到自己做的**每一件事**都有目的。接下来，我们要深入目标的三大根本来源。

首先拿出一张纸，在纸的中间画一条竖线，左上角写上"事情"，右上角写上"原因"。

接着把你能记起来的过去24小时做过的事情都列出来。纸上能写下就行。下面以我自己为例，我列出了过去24小时里自己做过的事情和相应的原因或目的。

事情	原因
五点起床写书	赶稿
听有声书	稍事休息，激发动力和灵感
吃午饭	充饥，从工作中解脱一会儿
看 YouTube 视频	分散注意力，但也是为了看勒布朗·詹姆斯有没有赢
健身	改善心肺功能
去 Publix 超市	健身后喝果汁补充能量
与德雷谈话	筹备发布会
录制一小时音频	完善发布会
再写书几小时	截稿时间快到了
接洛根和乔丹放学	照顾家人，与他们共度时光
观看卡莱布的棒球比赛	给他打气

每一条"原因"都可能有更深层的原因。比如说，我昨天去健身房的表面原因是改善心肺功能，但如果你问我："那你为什么要改善心肺功能呢？"我会说："为了健康和专注。"如果你穷追不舍，继续问下去："那么，你为什么想要变得健康和专注呢？"那我还会再给出更多的原因。

这里要表达的重点是，你昨天做的每一件事都是有原因的。有成果，做事就有劲儿——而这些成果不一定得是你的最终目标。如何利用自己的时间很重要。它反映了你的目标，反映了你自己追求的成果。看一看自己过去 24 小时里做过的事,然后省察做这些事的原因,这有助于你看清自己的目标。

你昨天做的事情都是为了什么?

你追求的成果是什么?

这些成果是你真正想要的吗?还是说,你的日常行为反映的是外界——社会、境遇、创伤经历或者其他因素——强加给你的目标?

只有当你真正决定了自己想要什么时,你才能够控制自己和自己的时间。你必须有意识地选择自己的目标,然后奋力追求。将时间投入到带给你特别重要的、你真正看重的成果的事情上面,如此人生方可无悔。

> **自我检测**
>
> 回顾你列出的过去 24 小时里做过的事情,哪些契合未来的你?
>
> 哪些事情是未来的你不会去做的?
>
> 哪些事情如果不做,能为你真正的愿望留出更多空间和精力?

目标的三个根本来源

> 自信心源于在制定的远远超出现有能力的目标上取得进步。
>
> ——丹·沙利文（Dan Sullivan）

一切行为都由目标驱动。但"目标"从何而来呢？目标有三个根本来源：

1. 接触
2. 欲望
3. 信心

1. 接触。美国名厨查理·特罗特（Charlie Trotter）以其对现代高端餐饮的影响力而闻名。他的芝加哥餐厅多年被评为美国最上乘餐厅。菜品售价数百美元，环境古雅。特罗特会定期邀请贫民家庭的孩子组团来店里免费用餐。

他这样做是为了激发孩子们的雄心壮志。让他们接触到一个完全不同于寻常所见的世界。

他在打开他们的眼界。

特罗特为贫家子弟提供的这种难得而独特的经历招来了

许多批评。"你会让他们对自己的生活感到不满和不快乐"和"你给了他们对可能性的不现实期望"是两种常见的批评。

但特罗特不在意批评者说什么，因为他经常会收到孩子们的信，信中对用餐体验及其激发的志向表达了深切的感激。孩子们常常会说自己长大后想当专业主厨，或者要开一家比特罗特的餐厅更好的餐厅。

特罗特为这些孩子带来了**潜意识的激励体验**。他让他们接触到了另一种生活方式。他在内涵丰富的环境中为孩子们提供了一种情绪体验，打开了他们的想象力，让他们看到从未考虑过的全新可能性。

如果你不知道存在着什么选项，那你便无法做出选择或决定。生活情境和知识限制着你做选择的能力。拓宽生活情境就是在拓宽选择。

你的目标基于你接触到的事物。比如说，我本科学校的心理学项目侧重心理咨询和社会心理学。于是，我第一次申请研究生项目时就报了心理咨询方向，尽管我不确定这些项目是否最契合我的最终目标。

我申请的学校对我的申请全数拒绝。过了几个月，我和劳伦去中国旅游观光了三周。途中，我遇到了一位苹果公司亚太区的"领导力专家"。他告诉我，他的工作涉及员工培训与激励、领导力提升、提高苹果公司各团队的效率。

听着这个人讲述自己的工作,我感觉脸上挨了一拳。他说的正是我想做的。

"你是怎么进这行的?"我问道。

"我入行的方式挺怪的,"他告诉我,"我其实读的是法学,但我摸索着选了这个岗位。不过,我老板有产业与组织心理学的硕士学位。"

有意思。

我模糊记得在心理学导论课上听说过产业与组织心理学,当时可能讲了五分钟吧。但除此之外,我本科时再没有听过这个词。我上网搜索了一下,发现它正好是我想学和想干的事情。

我第一次申请硕士受到了自身知识的限制。第二次申请时,信息就多了起来。

成功人士总是不断让自己接触新事物。他们会旅行、读书、结识新人。他们重视教育和学习。他们追求意料之外。他们乐于打破旧有模式,寻求新的更好的模式——他们深知更优质的信息能让他们做出更合理的决定。他们能为自己制定更好的目标。他们可以有更好的思考力。

知识是制定目标的关键。你无法追求你不知道的东西。接触是目标的第一个来源。你现在追求的一切都是基于你接触过的事物。树立更好的目标——从而设计更好的未来——

需要进一步学习、改变视角、对新事物开放。用美国第 26 任国防部部长詹姆斯·马蒂斯将军（General James Mattis）的话说，"没读过几百本书的人相当于无能的文盲，因为狭隘的个人经验不足以滋养人生"。

把能读到的书都读一读，然后提高分辨出最好的书的能力。读励志传记类的书是开放思维，认识到自己能做成怎样的事、能成为怎样的人的最佳方式之一；再了解了解人的境况、历史、哲学、心理学、灵修学、经济学等等。读书的过程中，你的性格、你的视角、你的身份认同、你的目标都会变化。

除了读书以外，你还需要一些拓展性的经历，它们会让你看到并主动追求不一样的未来。有时，你需要非常艰苦的经历来表明你能做成难事。对我而言，教会事工就是这样的经历，读博士和一年内成为五个孩子的父亲的经历也是。我经历了许多次让我自卑的失败。经过这些历练，我成了一个新人。不要回避能够塑造和改造你的经历。未来的你会比现在的你更坚强、更睿智、更有能力，而这只有通过艰苦的、有挑战性的新经历才能做到。

2. 欲望。对一件事没有欲望，你就不会去追求或有投入。数据表明，大部分人都讨厌自己的工作。即便如此，他们依然有上班的理由——不管是社会原因、经济原因,还是其他原因。因此,他们忍受那些不开心的手段,为了达成欲求的目的。

你花时间做事,是因为你相信这些事最后能带给你想要的成果。但如果你想要的东西错了呢?或者换句话说,如果你想要**别的东西**呢?

如果"支付账单"不再是你的目标了呢?你还会接着做自己讨厌的工作吗?

想要不代表应该要。我们的欲望并不源于固有的性格。相反,我们的欲望是被训练出来的,一般通过个人经历、社会、媒体和环境因素。欲望不是固有的,而是被训练和滋养出来的。我们固守欲望,跟欲望产生认同感。不要将你的欲望与"真实"的你混为一谈。欲望的意义是你赋予的,你也可以将其取消或改变。

比如说,你是一个球迷,从小就是。你可能会觉得球迷是你固有性格的一部分。

事实不是这样。

没错,体育是你的性格与身份认同的一部分。但滋养着性格中这一面的人是你。你可以不再滋养它。你可以主动放弃身份认同的这一面,这样你就会慢慢对体育失去兴趣。放弃体育可能不是你的目标,你对此也不感兴趣,但确实是可能的。为了不再认同体育,不再让体育成为未来的你的一部分,你需要一个理由。

现在想要不代表五年后想要,甚至明年都未必还想要。回顾一下你五年前想要的东西,你现在很可能已经不想做很多当时想做的事了。你已经变了,你的境遇已经变了,于是你的目标也已经变了。

你当下的欲望——比如睡懒觉、狂刷网飞(Netflix)连续剧、跟朋友通宵地玩——往往无益于更好的结果。只要你明白欲望可以训练,而且你现在的欲望就是被训练出来的,你就可以质疑自己当下的欲望。你还可以主动选择值得拥有的欲望,然后加以训练,使其变得真诚与深切。

你可以训练自己想要任何东西。你应该有意识地训练对欲望的选择。

如果未来的你是升级版的你,那么未来的你就会比现在的你更自信、更有能力、更加自由。未来的你会有不同于现在的目标、关切和欲望。

你现在的欲望并不真正是未来的你的欲望。

未来的你是**后天习得**的。

你必须**学习去追求**和看重你现在不想要的东西。如果未来的你会取得成功,你就必须学会成功所需的技能。如果未来的你会更加健康,你就必须学会变得更健康所需的技能。

欲望训练是选择值得追求的目标的关键。

你现在想要的未必真正值得你投入时间。我可以现身说法：我现在的欲望和方向可能并不值得追求。我需要停下脚步，质疑我现在的欲望。我知道未来的我——我想要成为的那个人——具有我现在没有的知识、技能、品格、关系等。

性格只是一个偏好和兴趣的问题。"内向者"**偏好**坐在角落。但如果他想的话，内向者同样可以训练自己偏好合群。但"合群"未必与他们的终极目标相关。"外向者"可能觉得一个人坐在屋子里不自在。但他可以学会自在独处、平心静神，如果这样做对他有意义。

在个人成长的过程中，你会形成一种使命感，从而拓宽你的个人偏好和兴趣。使命会将你从自己的偏好中推出来，最终改变你的性格。

欲望训练靠的是主动的、有意识的追求。前一章就谈过，先有投入和技能，之后才有热情。任何热情都是可以习得的。你最好有意识地选择热爱的对象。正如拿破仑·希尔（Napoleon Hill）所说，"欲望是一切成就的起点，不是希望，不是愿望，而是超越一切的热切渴望"。

欲望是目标的第二个来源。你可以也必须训练自己的欲望。当你选择的欲望会带来未来的自己想要的成果时，你的人生就会成功得多。

3. 信心。对于自己都不相信能达到的目标,你是不可能凭空产生欲望的。你列出的过去 24 小时做过的事情反映了你现在的信心水平。看一看你的单子,上面有多少项需要勇气?有多少项是小菜一碟?你把多少时间用来追求超越现有能力的目标?

你的工作和收入水平是基于你的信心。

你的朋友是基于你的信心。

你的穿着是基于你的信心。

信心是想象力的**基础**——人必须有想象力才能预见和选择超越当下自身能力的未来。信心反映了你有多相信自己能做到什么、能习得什么、能成就什么。

信心越大,未来的自己就越强。

信心的难点在于它容易动摇。信心是脆弱的,不是不变的。创伤和痛苦经历都可能破坏你的信心和想象力。我们每个人都有过痛苦经历,它们渐渐成了我们身体里的刺,以至于让我们前进的能力、希望和欲望陷入瘫痪。

第三章会整章专门讨论创伤及其对性格的影响。但现在你只需要知道,创伤会摧毁信心。未解的创伤常常会让人们目标狭隘。可悲的是,在这种情况下,回避痛苦情绪会成为人的目标。

信心是通过勇敢的行为铸就的。

面对过去，把自己暴露在过去面前，直到不再感到疼痛，然后做出改变，是需要勇气的；承认自己人生中真正的欲望是需要勇气的；尝试富有挑战性的目标，承担一路上的失败也是需要勇气的。

一天从家开车去公司的路上，我看见一个非常胖的人在跑步。他上身赤裸，下身只有一条运动短裤，臃肿的身体在佛罗里达的烈日下挥汗如雨。

他激励了我。他在**大庭广众**之下勇敢地宣示着未来的自己。他不管我或其他人会怎样看他抖动的赘肉或腹纹。他的双眼紧盯眼前的脚步，像激光一样聚焦。他的汗不住地往下淌。他的身份认同在改变。

在某个时候，这位跑步者认识和接触到了更好的生活方式。他看到了养成更好的习惯、做出更好的选择的价值。他窥见了更健康的自己。他开始质疑当下的欲望。行为的好坏、能否坚持基于目标的好坏、具体与否。如果目标明确而迫切，他的跑步强度就会大得多，赘肉也会很快减掉。如果目标不明确也不迫切，那他就会三天打鱼，两天晒网，成果寥寥。

无论如何，至少在那一刻，他是从希望成为的未来自己的角度出发去行动的。他看到了另一个未来的自己，于是有了出去跑步的理由。如果他滋养自己的使命，训练自己的身份认同,那么他就可以,也将会成为那个人。

信心是通过勇敢坚定的行为建立的。袒露着凸出的大肚腩跑步,不顾旁人眼光,他的信心正在飞速增长。

这个大胆的行为具有激励潜意识的作用。勇敢地站到未来自我的制高点,你会获得激励潜意识的高峰体验,为自己的世界观和自我认识设定一条新的让你有所期待的基准线。高峰体验不会随机发生,而必然是有意为之。多产的作家、哲学家科林·威尔逊(Colin Wilson)阐释道:

> 如果你想要正反馈(或者高峰体验)的话,最好的办法就是投入积极的、有目的性的心态……抑郁……自然是消极被动的产物。高峰体验来自一种有意识的态度。

当你有意识地、勇敢地追求有意义的目标时,你就会获得高峰体验。高峰体验会将你打开,让你成为一个更灵活的人。你不会再用刻板的老眼光看待自己。你会更自信、更有能力树立和达到更大的目标。

高峰体验在大多数人身上都很少见,但并非无迹可寻。如果你选择去做,你今天就可以有高峰体验。你必须主动。你必须勇敢。你必须推动自己的人生朝向自己真正想要的方向前进。

对于那位跑步者，他跑向未来自己的每一步都会增强实现目标的信心。他的行为反映了未来的实现，哪怕一开始是断断续续的。随着时间推移，如果他继续坚持向未来努力，实现未来自己的欲望就会更强。他的身份认同会巩固下来。最终，未来的他会全方位地成为"现在"的他。

他不会再认同过去的自己。他甚至可能不会再记得当初的自己是什么样。过去只是一段记忆，不再牵动情绪。

信心对人生目标发挥着关键作用。信心越强，目标就越有力。你必须保护自信心。树立信心是通过有意识地朝向有意义的目标努力。你从遥远的过去能借来的信心是有限的。信心更多是基于你近期的情况。

树立信心可以循序渐进，坚持在小事上体现未来的自己。树立信心也可以通过**勇猛精进**地迈向未来的自己。"勇猛精进"是朝向未来自己的大胆行动，可以是辞掉你讨厌的工作、找一位人生导师、竞选公职、进行一次诚恳的谈话、壮着胆子发一篇博文，也可以是要求加薪。

步伐越勇猛，高峰体验就会越多。高峰体验越多，你就会越灵活、越自信。你越灵活、越自信，在畅想和追求未来时就会越有想象力、越激动。

根据目标,刻意设计身份认同

> 想象力比知识更重要。因为知识仅限于我们当下的认知和理解,而想象力包含整个世界以及未来一切可能的认知和理解。
>
> ——阿尔伯特·爱因斯坦(Albert Einstein)

身份认同与性格往往是对经历、境遇和习惯的反应。很少有人会按照自己想成为的样子而有意识地定义和塑造自己,然后成为**那个**自己。我用了"那个"是因为未来的你和现在的你是两个不一样的人。

未来的你**不是**你。未来的你会做现在的你不会做的事情,或许会是更好的事。未来的你应该不同于、高于现在的你。保持自我一致性尽管相当正常,甚至在文化上受到推崇,但那意味着你没有在学习、进步和改变。相反,你被困在了命运里,回避新体验,限制自己的潜力。

将未来的自己与现在的自己分开对待之所以对人生的重大变化很重要,还有另一个原因。如果不想象出另一个自己,你事实上就不可能**刻意**地付诸行动。我用"刻意"这个词是有原因的。你有了目标,然后就要直奔目标行动。行动是精心规划的有的放矢,而非任性随意、只基于"过程中的乐趣"。

性格修正

你需要为了某件事——最好是**某个人**——而奋斗。你需要一个愿景为自己的行动赋予意义和目的。只因为热爱而行动固然是好的，但如果不能设想出摆脱局限性的未来自己，你就不会真正突破自己感知到的局限性。

成功人士的出发点是自己的未来愿景，然后用愿景来衡量自己所做的所有事。马修·麦康纳（Matthew McConaughey）就是一个例子。麦康纳在奥斯卡最佳男演员奖的获奖感言中讲述了自己的"英雄"：

> 15岁时，我人生中一个非常重要的人问我："谁是你的英雄？"我说……"你知道是谁吗？是十年后的我自己。"后来我到了25岁。十年过去了，同一个人又来问我："你是英雄吗？"我说："连边都沾不上！不，不，我不是。"她说："为什么呢？"我说："因为我的英雄是35岁的我。"所以你看，在人生的每一天、每一周、每一个月、每一年里，我的英雄永远是十年后的自己。我永远不会成为自己的英雄。我永远达不到。我知道我不是英雄，我不在意，因为这样一来，我就永远有一个要追赶的人。

第二章 性格的真相：基于目标，创造理想性格

你总有一天会成为未来的自己。问题是：**未来的你是谁?**

你回答这个问题时应该着眼于自己的理想追求，而不是当下的境遇或身份认同。没人在意你之前是什么样。你想要成为什么样的人？它才是你（当下）的真我。

设计未来的自己需要想象那个自己的现实生活和日常经历——越生动、越具体越好。未来的你会有怎样的自由、选择、境遇、经验和日常行为？

> ● 自我检测
>
> 你的日常生活是怎样的？
>
> 你有怎样的主张？
>
> 你的收入有多少？
>
> 你穿什么类型的衣服？
>
> 你如何与他人交往？
>
> 你如何看待当下和未来的自己？
>
> 你的使命是什么？
>
> 你在哪里生活？
>
> 你有什么朋友？
>
> 你有什么技能和才能？

当你成为身份认同下的建筑师,你就不会太在意你如何看待当下的自己了。当下的自己是重要的,但也是局限的。未来的你会不一样,他对事物会有不同的看法,他会拥有不同的自由、人际关系、日常活动和生活经历。现在的你觉得大开眼界或兴奋不已的事情,对未来的你来说只是"正常生活"。

如果完全诚实地问自己,你想成为怎样的人?

你现在应该把本子拿出来了。把未来的你写下来,要尽可能详细。

你只需要唯一的核心目标

在确定自己的使命时,你只需浏览一遍自己的所有目标,然后问自己:在这些目标中,哪一个能让我成为实现人生其他一切欲望所需要成为的那个人?这个问题的答案就是你的使命。

——哈尔·埃尔罗德(Hal Elrod)

花时间认真思考未来的自己、未来的境遇和未来的可能性之后,下一步就是思考让未来的自己成为可能的**单个核心目标**或成果。

第二章　性格的真相：基于目标，创造理想性格

单个目标。

拥有多个目标不需要你专注，它反映了你的恐惧和缺乏决断。你需要单个核心目标。这个核心目标需要是可度量、可定义和可视化的。这个目标需要明确支持并有助于生活中的其他所有重要方面。收入目标的强大力量正在于此。如果你是写手，目标可能是阅读量或订阅人数；如果你是顾问，目标可能是支付高佣金的客户数量；如果你是跑步者，目标可能是马拉松比赛的成绩。

单个目标带来专注。

专注带来动力。

动力和信心会影响生活的所有方面。查尔斯·杜希格（Charles Duhigg）在《习惯的力量》（*The Power of Habit*）一书中提到，当你提升生活中的一个方面时，其他所有方面也会跟着改善，原因正在于此。他将这个方面称作"关键习惯"。你的单个核心目标则是"关键目标"。这个目标——通过努力去追求和积极地实现——会帮助你做到**其他一切**你试图做到的事情。

在安德烈那里，这个具体目标就是上哈佛大学。这个目标让他取得了成功，没有重返监牢。假如安德烈试图追求五个或更多目标，他可能永远都不会走出监狱。这个目标为他所有的次级目标或其他想要做到的事情赋予了方向和意义。

安德烈的单个目标塑造了他构建未来自我的过程。这点极其重要,这是因为在实现成功这一点上有不少着实糟糕的建议,近来就有一些。很多忠告建议人们全然着眼于"过程",从根本上无视结果。然而如果心中没有一个目标,那么把控"过程"就是不可能的,更别提有效的过程了。另外,如果一路上不去定期地考量过程及其各种成果,那么也就不可能明确这个过程是否起作用。

过程一定要基于你追求的目标。上路时就必须想到终点。没有目标的"过程"本身毫无意义。过程优先是一种前进而没有规划、一味试图复制别人的成功的**战术**思维。

相反,结果优先是**战略**思维,是从后往前推,根据想要的结果把过程逆向推出来。因此,未经考量的"过程"根本不是过程。追求的结果决定了追求的过程。过程中的各种成果决定了对过程的调适。

亿万富翁彼得·蒂尔(Peter Thiel)在《从 0 到 1》(*Zero to One*)一书中解释了"过程"思维为何会导致平庸。蒂尔提倡"确定性"的态度和目标。他说:

> 当今世界最重大的问题可以用对未来的不确定心态来解释。过程压倒了实质:人没有具体实施方案的时候,就会用形式规则拼凑起一套由各种选项

构成的组合。现在的美国人就是这样。在初中，学生被鼓励着开始积攒"课外活动"。到了高中，有追求的学生为了显得自己全能，竞争得更激烈了。学生在上大学之前已经用了十年时间拼凑五花八门的简历，为完全不可知的未来做准备。不管来什么，他都有准备——而没有为一个具体的东西去准备。

根据研究最深入、最核心的激励理论之一的**期望理论**（expectancy theory），高激励水平需要以下三点：

- 明确且迫切的目标或成果
- 有信心达成目标的路径或过程
- 对行动和成功的信念

没有目标就没有激励。研究还表明，没有目标也不会有"希望"。目标越明确、越可定义，路径和过程就越直接。在锻炼技能、学习知识、向目标前进的过程中，你会逐渐形成对行动和成功的自信心。你对目标的欲望会越来越强。最终，你会达成目标，你的整个人生也会发生改变。这时你就踏上了一个新的平台，然后从那里出发设定更远大的新目标。

始终牢记并坚持核心目标

> 坚持就是实干的声明。你的坚持要通过结果才能知道,而不是你嘴里说的坚持。我们都有所坚持。我们都在达成结果。结果是坚持的证明。
>
> ——吉姆·德思默(Jim Dethmer)、
> 戴安娜·查普曼(Diana Chapman)、
> 凯莉·克伦普(Kaley Klemp)

看一看你现在的生活。不管你看到了什么,那就是你的坚持。不管你现在体重是多少,那都是你坚持的体重。不管你的收入是多少,那都是你坚持的收入。你在生活中的坚持百分之百反映在你目前得到的结果上。如果你有别的坚持,就会有不一样的结果。

当你真正坚持你想要的结果时,你的生活就会好起来。你应该坚持未来的自己,坚持你的单一核心目标。你所做的一切都要通过核心目标的筛选。

英国的划艇队从1912年起就没得过金牌,但在备战2000年悉尼奥运会时做到了坚持。这份坚持体现在他们做任何决定之前都会问自己的一个问题:**这能提高艇速吗?**这个问题让他们能够衡量每一个情境、每一个决定、每一个障碍——而不会偏离自己的目标。对于每一个决定或机会,每

第二章 性格的真相：基于目标，创造理想性格

一名队员都会问自己：**这能提高艇速吗？** 如果答案是不能，那就不做。他们很坚定。

吃不吃甜甜圈……（这能提高艇速吗？）

要不要熬夜参加聚会……（这能提高艇速吗？）

因为坚定，他们达成了想要的结果。他们赢得了当年的金牌。

在一次播客节目中，刘易斯·豪斯（Lewis Howes）采访了约翰·阿萨拉夫（John Assaraf），后者分享了自己的第一位导师教给他的目标制订法。阿萨拉夫定好了几个方面（比如健康、心灵、经济、婚恋、公益等）未来1年、3年、5年和25年的目标，然后导师问他："你对这些目标是感兴趣，还是真坚持？"阿萨拉夫答道："有什么区别吗？"导师回答他："如果你只是有兴趣，你会为自己为什么做不到或没做到编出故事、借口、理由和客观条件。如果是坚持，这些统统都不会有。你只会全力以赴。"

你只会达成自己坚持的结果。但我们的文化把我们给洗脑了，让我们回避对**具体**结果的坚持。我们受到的教育是，过分坚持一定会带来失败和失望；我们应该无视结果，只关注"过程"；坚持具体目标会让人觉得可怕，或者执迷于身外之物。

但坚持具体目标也有几个好处。比如说，坚持具体目

标会让你不得不在"你真正想要什么"的问题上对自己和其他所有人诚实。诚实是罕见的。大多数人都把自己真正的欲望深深藏起。他们害怕全然承认自己最想要的东西。但你坚定于一个具体目标时,那个目标就会为你翻开新的篇章。那就是你要做的事。你可能不确切知道一切将如何进行,但你正在达到那个目标。如此的开诚布公既罕见,又富有感染力——一旦你开始取得进步,便会唤起自信,也会让其他人想要支持和帮助你。

坚持具体目标的另一个原因是坚持会让身份认同更明晰。你的身份认同源于你的目标。完全投入和清楚最终的目标会带来深刻的使命感。你可以想象未来的自己达成了你想要的模样。目标不明确,身份认同就会模糊。你到底是谁?你到底想干什么?你要做些什么?你要成为怎样的人?

坚持具体目标——你的单一核心目标——也会逼你进步。例如,当我开始写线上博客时,我注意到其他坚持过程的博主会发表大量文章,但水平并没有提升。多年过去,我成了一名专业作家。而那些博主有许多还在一篇接一篇地如法炮制。他们的结果并没有变化,因为他们没有坚持明确的目标。

当你坚持具体目标时,你就不得不进步。成果自己会说话。如果你的成果没有进步,那你就应该质疑自己到底对这

第二章　性格的真相：基于目标，创造理想性格

件事有多大的兴趣或坚持了。当你真正开始考察自己做的所有事，一直深入到最小的细节时，你就知道自己是在动真格了，是真的要做提升了。皮尔逊定律（Pearson's Law）提出："测量绩效，绩效就会改善。测量并报告绩效，绩效就会加速改善。"

坚持具体目标也会强化激励。根据**期望理论**，没有目标就没有激励。目标越单一，越聚焦，路径就越直接。路径越直接，越明确，激励就越强。复杂会扼杀激励，所以专攻单一关键目标才能改变大局。单一目标会让路径更顺畅，让你不仅能望见目标，更能看见实现目标的路径。这对激励和信心是非常有利的。

最后，坚持具体目标会增强信念。拿破仑·希尔说过："以绝对信念为后盾的明确目标是一种智慧，而智慧的行动会带来正面的结果。""我试试"或者"走一步看一步吧"不需要多少信念。但"一定会做到。我不清楚具体怎样做到，但我知道一定会做到"就需要强烈的信念了。如此的坚定会逼得你更加坦诚，会让你做本来绝不会做的事，会迫使奇迹发生。

> **自我检测**
>
> 你愿意坚持未来的自己吗?
>
> 你愿意坚持单一具体的目标吗?
>
> 你愿意全力以赴吗?
>
> 你愿意对自己真正的欲望诚实吗?
>
> 你愿意为了确保更好的结果而优化、完善过程吗?

早睡一小时:避开晚间低效率陷阱

一个犯了不止一次的错误,就是一个决定。

——保罗·科埃略(Paulo Coelho)

当你坚持追求更宏大的未来时,你就不得不更好地利用晚上和早晨。一天的结束是放松和反省的时间,而非不健康的消耗。到了一天结束时,你已经做出了很多决定,筋疲力尽。于是,你的意志力完全枯竭了。意志力低迷会导致不健康的高消耗行为——大多是寻求多巴胺的迅速分泌。

社交媒体、糖、碳水化合物是许多人常见的晚间消遣。意志力低迷的人容易做出糟糕的选择。这些选择短期内会带来多巴胺，能分散注意力，但代价是高昂的。晚上浪费时间做不健康的事会影响睡眠质量，让你早晨无法很好地开启新的一天，还会破坏你的自信心。

看电影、与爱人共度高质量的时光跟在手机上陪想索取关注的家人聊天是不一样的。

如果你坚持要成为想要的未来自己，就要规避晚间意志力低迷造成的种种陷阱。否则，白天进一步，晚上退半步，你前进的速度就慢下来了。

过好早上、晚上的时间对成就未来的自己至关重要。

对抗晚间无益消遣和不良行为的一个有力手段就是早点上床睡觉。很少有人能利用好晚上的时间。晚上通常都有一个收益开始递减的时间点——一般是八点或九点前后一个小时。除非你要与爱人联络感情，否则最好还是早点上床睡觉。成就未来自己的最快办法之一就是比平常早一个小时睡觉。你会避免无谓的消耗，得到更多的休息。你能够早点起床，在忙碌的一天开始前为自己的目标努力。

大多数人上床睡觉的时间比文化规范中的休息时间要晚得多。十点以后上床睡觉不会帮助你成就未来的自己。逐渐提前上床睡觉的时间可能会让别人觉得你很奇怪，但这不会持续太久。你的成果自己会说话。你的睡眠时间会更长，休息质量会更高。你会更早起、更自信，因为你避免了违背目标性的消耗。

以马克·沃尔伯格（Mark Wahlberg）为例，他晚上七点上床睡觉，凌晨三点起床，按照高标准锻炼身体，以便做好自己的工作。他的目标是明确的。他心中未来的自己比大多数人宏大得多。因此，他愿意采纳大多数人会视为极端或怪异的作息安排。

早睡一个小时。躲开意志力和决策力最低迷的夜晚时分，为第二天早晨的成功做好准备。

早起一小时：高效进入巅峰状态

> 因晚起而失去的一小时，耗费一整天都找不回。
>
> ——理查德·惠特利（Richard Whately）

早点起床，早点追寻未来的自己。

早早醒来，然后马上大踏步追寻自己的梦想，你就会树立起信心和动力，让你一整天都活力满满。你会做出更好的决定，与周围人的关系也会融洽得多。于是，你的 24 小时都会过得更好。

白天过得好，生活就会变好。如果你非要拖到不得不起时才起床，只做"火烧眉毛"的事情，那你就不会实现有意义的进步。你会原地踏步，任由时间飞逝。一天天、一周周、一年年过去，你却毫无有意义的进步。

如果你要实现自己的那个核心目标，成为未来想要的自己，那就需要鼓起勇气。你需要日常性地朝向目标大踏步前进。

迈向目标的每一个大踏步都是勇猛精进。勇猛精进会在潜意识里激励你，为你设定新的"正常"行为。通过早晨有意识的、朝向目标的努力，你会开始日常性地感受到高峰体验；你的大脑和身份认同会发生变化；你的信心会增加；你的身份认同会变得更灵活，让你摆脱过去的自己，成就你想要的未来自己。

高峰体验会增强灵活性和自信心。高峰体验需要积极和有意识的行动。带着目的睡觉、起床，然后立即为未来的自己努力进步，你就会经常收获高峰体验。你会开始每天大量学习，学习又会带来改变。正如英国哲学家阿兰·德波顿（Alain de Botton）所说，"任何一个不为12个月前的自己感到难堪的人都还学得不够多"。

心理学家亚伯拉罕·马斯洛（Abraham Maslow）创造了"自我实现"一词及其框架。在他看来，自我实现是通过这种延伸性体验——马斯洛称之为"高峰体验"——实现的。

事实上，高峰体验是自我实现的必要条件。

自我实现就是摆脱内在或外在束缚，自由地追求最高的潜能和目标。马斯洛是这样定义高峰体验的："罕见、激动人心、广阔、深刻、使人振奋的体验，这样的体验带来了更高级的现实体验，对体验者造成了奥妙神奇的影响。"

高峰体验之所以罕见，是因为很少有人积极而有意识地创造未来的自己，很少有人坚持一个具体的未来愿景，很少有人鼓起勇气每天勇猛精进。

> **自我检测**
>
> 你想创造更多高峰体验吗？
>
> 你想更积极、更有意识地利用自己的时间吗？
>
> 你想更勇敢、更坚持吗？
>
> 你想为了未来的自己而努力变得更加灵活，不再坚持认为过去的自己就是真正的自己吗？

要想变得更灵活、让高峰体验成为生活的常态，你就需要接纳**不确定性**。哈佛大学心理学家埃伦·兰格（Ellen Langer）博士解释道："有意义的选择都存在不确定性。没有选择就没有不确定性。"如果你不愿意面对和应对不确定性，那么你的自我与成就便会受到极大的束缚。你限制了自己做出选择的能力,因为一切选择都涉及不确定性和风险。

不确定性可能难以应对。哥伦比亚大学扎克曼研究所（Columbia University's Zuckerman Institute）神经科学家达芙娜·肖哈密（Daphna Shohamy）博士认为,人脑的一大目的就是**预测**自身行为的结果。

这是大脑最重要的功用,所以我们才会产生记忆——为了能够准确预测未来。正是预测未来和规划的能力让人类繁衍昌盛了数千年。

这在个人层面有什么意义呢？

人脑的构造就是要让你**远离不确定的情境**,不确定性是要回避的。因此,当你进入新环境或者要做之前没做过的事情时,你往往会产生剧烈的情绪,比如焦虑或恐惧。多名研究者认为,未知是一切现实恐惧的基础。战斗或逃跑的反应是大脑发出的一种化学信号,意思是你不清楚可能会发生什么,所以最好还是撤回到安全地带。

大脑想让你过上安稳和可预测的生活。大脑会努力阻止你身入险境。但矛盾的是,大脑又会在你经历新事物时形成最强大的记忆,带来最强大的教训——尤其是当你对未来的预测出现失误的时候！

肖哈密博士解释说,大脑会通过"预测失误"——也就是预测没有应验——来变化和学习。**预测失误**是失败的另一种叫法，**失败**是学习的另一种叫法，而**学习**是改变的另一种叫法。

如果你有学习、有改变的话，未来的你与现在的你会有不同的世界观。如果你想更快地学习，那就需要接纳不确定性。你需要犯错、承担风险。这样一来，你体验到的情绪就会多得多——高潮和低潮——而这些体验会让你变成另一个人。当你完全投入到未来的自己，而不再固守当下或过去的自己时，你的高峰体验会变成日常。

当你的日常使命是实现未来的自己，而非回避不确定和变化时，生活就会激动人心得多，重复性也会少得多。避免在晚上消耗自己，而要在早上创造高峰体验。

写日记：内化并清晰化你的目标

> 只有通过设想一个在未来取得进步的自己，我们才能通过刻意练习来激励自己去做计划并投入实践。
>
> ——托马斯·萨登道夫（Thomas Suddendorf）博士、
> 梅丽莎·布林姆斯（Melissa Brinums）博士、
> 加纳·伊牟田（Kana Imuta）博士

日记是让你从情绪层面主动地相信"我已经达成了我想

要达到的目标"的绝佳方式——你通过战略性的沟通影响了自己。

许多人觉得"写日记"就是记录过去。这样理解是可以的。但在日记中展望和规划未来更能让你将目标内化和明晰化。

然而，有一点很重要：要想在常规日记中有效地影响或说服自己，你应该在动笔前就做好内在和外在的准备。动笔前有一些好的仪式能让写日记变成日常的高峰体验，让你接下来的时间都是巅峰状态。动笔前做下面这些事有利于产生高峰体验：

- 排除环境中的干扰因素，让你可以自由思考，而且要关掉手机通知（把手机放到远处或者打开飞行模式）
- 动笔前冥想或祈祷
- 动笔前回顾自己的愿景或目标
- 先写写你感激的人、事、物——过去的、现在的、未来的

尽管写日记的时间无所谓，但上床睡觉前或起床后是最好的，因为你的大脑在这两个时段运转较慢，所以你的潜意识也最容易受影响。写日记时要关注自己的环境以及环境是

如何影响你的思维和情绪的。理想情况是，划定一个区域用来写日记、展望和规划未来。

进入到放空畅想的环境后，在打开日记本之前，做几个深呼吸，冥想或祈祷片刻。肯定今天会是成功的一天，你会在自己的目标上取得进展，这样的生活是奇妙的。

缓缓打开日记本。

动笔前先回顾自己的目标，包括核心目标和若干次要短期目标。目标要写在容易看到的地方。写日记前回顾目标会激活面向未来自己的心态和情境，这样，当你开始写日记时，**你就会以未来自己的身份，从未来的高度和视角进行书写**。

我把自己的目标写在日记本的内封，这样我每次打开本子时只要看内封就行了。每过一个月左右，我就会从头到尾翻一遍日记本，重新评估并重写目标。我的目标是通过回答以下问题得出的：

- 我现在的状况如何？
- 我过去 90 天取得了哪些成就？
- 我未来 90 天想取得哪些成就？
- 我未来 3 年想发展到什么程度？
- 我未来 1 年想发展到什么程度？

每次打开本子，我都会先翻到内封，看我对上述问题的回答。当然，我的回答——甚至我的目标——可能每个月都会变。计划随时间调整是完全正常的，也是意料之中的。

通过回顾自己过去 90 天里取得的成就，我马上有了动力和进步感。这给了我信心。通过展望自己想要达成的短期和长期目标，**我会牢记未来的自己。**

这些活动的每一项——从进入适当的环境、冥想、深呼吸到审视近期的成就和目标——都会让你进入正确的心态，让你动笔时站到一个更高、更有力的角度上。

要想进入正确心态，还有一件重要的事要做，那就是从感恩和感到丰盈的事情写起。

说到感恩日记的效果，我们可以找到很多依据。研究表明，感恩会持续改善人的情绪状态。经常从感恩的角度进行写作和思考能够扭转抑郁、成瘾和轻生的念头。研究发现，感恩能修复和扭转人际关系。感恩在几乎每一种能想到的方面都有益处。

直到不久前，对于感恩的研究还是以自我叙述为主。但新研究表明，感恩日记不仅能影响情绪状态，也能改善心力衰竭等健康风险的生物标志化合物。

处于 B 阶段（又称"前心衰阶段"）的心脏病患者有一个短暂的窗口期可以扭转朝向致命性心衰的恶化过程。在一份研究中,医生决定让患者在窗口期试着写感恩日记。患者被随机分为实验组或对照组。实验组进行了为期八周的感恩日记疗法。对照组"照常治疗",不写感恩日记。

八周过后,两组患者都进行了评估,评估内容包括六道题的感恩问卷、静息心率变异性测试和炎症生物标志化合物指数测试。写感恩日记的患者心率衰竭症状和炎症都有所减轻。

写日记时先祈祷、冥想,然后写下感恩的事情,这样会让你的情绪、生理状态和视角马上发生转变。你可以从感恩、兴奋和自信的视角出发书写过往和未来的体验。借着感恩的能量写作,你会有积极的期待,而不会执迷于想要达到的目标。

你会从平安喜乐处写起。这种情绪状态会带来许多可以实践的想法,而达成这些想法可能也需要勇气。正是这些情绪会提升你的潜意识,最终创造出未来的自己和未来的境遇。

写就对了。

不要过分纠结写什么。写日记只是为了心理上的益处,没有别人会看到的。写下自己的目标就好了。你可以分点列出,也可以画图。这里没有对与错。

怀着期待和兴奋的心情写下:你未来的自己是真实的,

你会成功。要从实现进步需要做哪些事的角度去写。把你现在需要做的所有事和你需要接触的人全都记下来。

相信的力量：与未来的自己对话

2019年12月，路易斯安那州立大学（Louisiana State University，LSU）橄榄球校队四分卫乔·伯罗（Joe Burrow）赢得了美国全国大学体育协会（NCAA）举办的橄榄球联赛的最高个人选手奖海斯曼奖（the Heisman Trophy）。有意思的是，伯罗两年前不得不做出一个艰难的抉择。他当时是俄亥俄州立大学校队的候补四分卫，除非转校，否则他就不能尝试完全实现自己的梦想。

于是他转到了路易斯安那州立大学。2018赛季，伯罗和路易斯安那州立猛虎队（the LSU Tigers）取得了十胜三负的成绩。他本人投出2894码，达阵16次，抄截5次。他表现出了优秀四分卫的水平，但没有人预料到他在2019赛季的发挥。路易斯安那州立大学在2019赛季一场未输，打破了多项橄榄球校队有史以来的单赛季纪录，勇夺全国冠军。伯罗本人也打破了多项纪录，投出5671码，达阵55次，抄截6次。

从一名优秀四分卫到可能是有史以来单赛季成就最高的大学校队四分卫,伯罗只用了一个赛季。2019赛季结束时,他已经成了美国职业橄榄球大联盟(the NFL)的2020赛季头号种子选手和海斯曼奖得主。

没有人预见到这些,除了伯罗自己。

海斯曼奖颁奖典礼后,伯罗接受美国娱乐与体育电视台(ESPN)采访时被问道:"乔,如果我两个赛季以前告诉你,你会被职业球队直接录取,你会击败阿拉巴马(Alabama)校队,你会赢得海斯曼奖,你会参加季后赛,你会对我说什么?"

伯罗的回答意味深长又引人奋进。他答道:

我会相信你的话。(强调为引用者所加)我清楚我一直以来付出的努力。我感觉自己只是需要一个机会。我知道走到这一步的球员是什么样,O教练看我看得很准。我们知道我们在季后赛付出的努力。所以我们走到今天完全是意料之中。

2017年,伯罗没有证据表明自己会有这样的成就。事实上,发生的事情实在太重大了,他本不应该相信那是可能的才对。但他相信。

于是发生了,因为他相信。

想一想你自己,如果未来的你跟你说,你想要发生的一切都会发生,那会发生什么?你会相信吗?你最好回答相信。因为除非你相信,否则它就不会发生。你需要全身心地坚持未来的自己以及相关的一切。这份坚持会让你走上一段不可思议的旅程。你需要做出艰难的抉择,听从自己的直觉,有时还要违背善意的建议。

如果未来的你告诉你未来会取得伟大的成就,你会相信吗?

📎 本章结语

性格的真相是，性格可以、应该也确实会改变。目标塑造身份认同，身份认同塑造行动，行动会塑造你现在和未来的性格。性格就是这样形成的。

接下来的几章会分别聚焦影响性格的各个关键"因素"，你可以直接控制它们，然后它们会间接塑造你将来的性格。每次重新设想未来的自己，努力达成超越自己的目标时，你都需要改变下列"性格因素"之一。

影响因素共有四个：

- 创伤。创伤可以将你困在过去，也可以激发巨大的转变与成长。
- 身份认同叙事。它指讲述的关于自己的故事，可以基于过往经历，也可以基于你想要的未来。
- 潜意识。潜意识会将你拉回稳态，但也可以通过情绪体验和属于未来自我的行为来不断提升。
- 环境。环境可以让你维持现状，也可以迫使你进步，成为一个新人。

第二章 性格的真相：基于目标，创造理想性格

除非你具有战略眼光，否则这四个因素就会将你困在重复、可预测的轮回中。你会有被困住的感觉，你会感觉改变很难，甚至不可能。但当你明白了如何控制和改变这些影响因素，你的性格就会发生突然的、必然的剧烈变化。

接下来的四章会依次讨论这四个影响因素，教你如何有效地利用它们。利用好他们会让你经历人生和性格的剧烈的、自主引导的改变。

给我一根足够长的杠杆和一个支点，我就能撬动地球。

——阿基米德（Archimedes）

Personality Isn't Permanent

第二部分

性格塑造
的四大影响因素

Break Free from Self-Limiting Beliefs and Rewrite Your Story

第三章

转化创伤：
重塑性格，
不让过去决定未来

人之为人，内心难免有创伤。我们如果能转化创伤，那么在通往目标的路上就会势不可当。如果不能，那么我们的生活就会成为创伤的副产物。

> 创伤化指的是创伤已经过去，但仍然像创伤还在发生一样来组织自己的生活——不变也不可变——因为遇到或发生的每一件事都染上了过去的色彩。
>
> ——贝塞尔·范德考克（Bessel van der Kolk）

罗莎莉是一位年逾八旬的老妇人，和善可爱，但她从来没有实现写童书的梦想。这并非因为她生活困苦、不识字，或者家境贫寒、忙于果腹。她从来没有写童书是因为50多年前有一个人无意间打击了她。

我是在一次会议上遇见罗莎莉的。在我们相处的几天时间里，我注意到她在写诗和小故事。我在问她时得知，她一直想写童书、画童书插图。我又问她为什么没出书，她说自己不擅长绘画。

我惊讶地问她是什么意思。她接着详细讲述了50多年前发生的一件事。

那是20世纪60年代末，罗莎莉一边养育年幼的孩子，

第三章 转化创伤:重塑性格,不让过去决定未来

一边决定上美术班。她从记事起就一直想要写童书、给童书配图和出版童书。

在一节还有其他几个人的晚间美术课上,罗莎莉经历的一件事终结了她的梦想。一个绘画练习之后,老师在屋子里看每个学生的作品。他在罗莎莉面前停下来,拿起她的粉笔帮她"改正"。

其他学生都没有这样被改正过。在改正的大概60秒钟期间,所有人都盯着她看,罗莎莉感觉尴尬到了极点。这样的痛苦让她无法面对。在当时的情绪漩涡中,一个念头进入了她的脑海:**这件事我肯定干不好。**

罗莎莉再未尝试过画画。

听她讲述这段经历时,我无比惊讶。这件事发生在50年前,可听她的讲述,仿佛就发生在上周。

"等等……"我结结巴巴地问道,"这么多年过去了,你**从来没有**试过画童书插图?"

"没有,"她答道,"我没有画画的天赋。"

没有任何情绪。在她看来,她只是在陈述冰冷的事实。我跟她在一起的几天里试过好几次,但却没有说动她。

"如果你有画画的能力,你会创作童书吗?"我问她。

"那肯定有趣极了。"她答道。

这么多年来,写童书、画童书的想法不时会跃入她的脑

115

海，但她几乎马上就会想起那次糟糕的美术课经历，还有她当时的感受。那一刻的痛苦重新燃起，她的想象力一下子就变为空白。各种为什么"现在"不合适的理由都蹦了出来。这就是史蒂文·普莱斯费尔德（Steven Pressfield）所说的"阻力"——阻止人们从事创造性活动普遍存在的力量。

正是因为来自创伤的阻力，罗莎莉在认真考虑或付诸行动之前就**自己阻止了自己**。

最悲哀的是，她**依然**希望自己能画童书，却又真心地相信自己没有这个能力。

大多数人一说到"创伤"，想到的都是最极端的创伤表现，比如创伤后应激障碍（PTSD）这种临床疾病。但创伤并不限于显而易见的大事。创伤有各种各样的形式，是我们每个人生活的一部分。创伤包括任何塑造了我们性格和行事方式的负面经历或遭遇。我们都经历过创伤，而且经受过，或一直在受其影响。

本章会介绍创伤何以能够且确实塑造着我们的性格。事实上，你会发现我们往往没有去创造真正想要的人生，反而是**围绕创伤**建造人生。为了逃避过去的痛苦，我们创造出伪性格，而非我们想要的性格。

在了解创伤如何塑造人生和目标后，你将学到如何处理、看待和克服创伤，让过去不再限制你的未来。

第三章 转化创伤：重塑性格，不让过去决定未来

创伤，使你的人生充满局限

珍妮弗·吕夫（Jennifer Ruef）博士是一名研究数学教育的教授。过去 30 年里，她致力于培训教师掌握更好的数学教学法，希望帮助学生意识到自己确实**能**学会数学。这不是一个简单的任务，事实上是美国数学教育面临的最大挑战之一，因为许多学生都苦于"数学创伤"——看到数学就心里打怵。

数学老师，尤其是初、高中数学老师的工作着实不容易。大部分学生真的认为自己不擅长数学，所以对数学不用功，也不上心。学生在数学方面有过一次糟糕的经历，就将其内化为身份认同叙事——**我不擅长这件事，我也不喜欢**。

据吕夫博士所说，数学创伤的表现有焦虑或畏惧，以及害怕出错以至于不敢去做。可惜的是，这种畏惧限制了许多人在择校和择业上的选择——不是因为他们不会数学，而是因为创伤引发的恐惧让他们不敢去做。

有的学生一开始考试或作业成绩不错，但仍然害怕出错，不想在老师或家长面前表现出缺陷或无能。吕夫博士认为这些羞于挑战、出错、露怯的人具有"脆弱的数学认同"。他们强撑着薄玻璃一样的外表，稍微体验到一点负面情绪就会破碎。他们**躲避**失败，从不追求失败，于是最后总有一天

会不可避免地遇到自身能力的瓶颈,然后真正"失败"。大部分躲避失败的人达到能力瓶颈时都会经受创伤。

吕夫博士称,数学创伤最常见的成因有被成年人说不擅长数学、害怕有时间限制的数学考试,以及被某个数学知识点卡住,总也过不去。同时因为没有得到学校老师、补习老师或家长的帮助,于是他们就放弃了。

我不会做。

痛苦和失败逐渐与数学绑定。对数学的一切想象和兴趣都消退了。"未来"里从此不再有数学。

这就是创伤心态。创伤的一大标志就是心态不再灵活,想法变得固执死板。有研究表明,患有创伤后应激障碍的人常常在想象力一项上得分为零。想象力与心理灵活性——发现并相信不一样的角度和可能性——息息相关。

在创伤状态下,你开始用非黑即白的思维看问题。你只关心事件**本身**,看不到别样的角度和情境。

我考试不及格。我不擅长。

你相信自己的视角是客观的,而不只是对某个事件或经验的一个局限的角度。这种思维会形成斯坦福大学心理学家卡罗尔·德韦克(Carol Dweck)所说的"固定型思维模式",即相信自己无法在特定领域发生改变、成长或发展。在这种观念下,你会认为自己的技能、性格和品性是"固定"的特质，是内在而不可改变的。

德韦克认为，固定型思维模式是一种**由过去定义**的生活方式。固定型思维模式的反面是德韦克所说的"成长型思维模式"，即相信人可以改变自己的特质与性格。成长型思维模式意味着你的生活是**由未来定义**的、聚焦于可变的事物。

因为罗莎莉用自己对几十年前美术课经历的负面解读和执念来定义自己，所以她是用固定型思维模式来认识自己。于是，她只关注她以为的"天然"或"固有"特质。在她看来，既然没有艺术"基因"或"特质"，她就不可能成为一名好的艺术家。

固定型思维模式是一种"过早的认知定式"。有多名心理学家对不用批判的眼光审视过往经历就会过早形成认知定式进行过阐释。这种定式是基于情绪的，缺乏深层次的证据支持。

当人们有了创伤经历时——哪怕只是小创伤，那一刻的情绪就足以为一个新的认知定式提供证明。

> 我做不了这件事。
>
> 我配不上。
>
> 我永远过不上想要的生活。
>
> 我应该远离它。

在罗莎莉这里，她的心理定式是，她不擅长艺术，因此不应该再碰艺术：**我天生不会画画**。这一定式是在一次糟糕的情绪体验中形成的。她从未反思过这种定式是否成立、有无价值，而是将它埋在心底，好多年不曾谈起。

对创伤和固定型思维模式的研究都表明，两者都会导致**对失败的恐惧的夸大**。德韦克博士认为，有固定型思维模式的人最怕全力以赴却仍然没能成功的情况。一旦如此，你就只能承认自己没有天分，应该做点别的。

人们不想面对这种失败。它给身份认同造成的伤痕太深了，会让人觉得自己是彻头彻尾的失败者。于是，他们甚至都不去尝试，而是说服自己换别的事做——风险小一些，把握大一些的事。

作家罗伯特·布罗（Robert Brault）说过："阻止我们达到目标的不是艰难险阻，而是一条通往更狭小目标的明确道路。"

阻挡我们的不是拦在我们和梦想之间的障碍，而是我们相信自己永远达不到目标、我们没有天分的思维定式——或者说身份认同定式。我们不再追求自己真正想达成的目标，而是将时间与精力投入到更狭小的目标上。

我们塑造了一个更狭小的未来自我。我们畅想并追求更振奋人心、更有力量的未来自我的想象力、信念与信心都已

第三章　转化创伤：重塑性格，不让过去决定未来

不在。我们对自身和自身能力的看法越来越固执。过去定义并驱动着我们的生活。

因此，我们在创伤或情绪崩溃状态下不应该做出关于自己、关于前途的抉择。在这种状态下，我们对自己和前途做出的决定是受限的。相反，我们要在情绪高涨的巅峰状态下做出决定、确立方向——在心怀高远、信念充沛的状态下。

有些心理学家可能会认为，罗莎莉放弃童书梦是正确的决定。她不会再因为缥缈的目标而失望，她是现实的。她没有成为优秀画师的技术或能力，因此，她最好忠于"真实"的自我。

这种想法主张按照固有的性格与天分来构建生活和目标。方枘不应试圆凿——哪怕圆凿是你真正想要的机会或未来。

因此，性格往往是创伤的副产物也就不奇怪了。正如创伤研究专家加博尔·马泰（Gabor Maté）博士所说，"所谓性格，不过是真正的特质与习得性应对策略的混合体，它反映的根本不是真我，反而是真我的缺失"。

性格修正

> **自我检测**
>
> 试着描述过去的一段负面或创伤经历。这段经历有没有以何种方式导致你去追求"狭小目标"或者阻碍了你的进步?
>
> 现在,重构这段负面经历,写下它如何最终帮助你成为一个更强大的人。

性格不应成为创伤的副产物

在我女儿十岁生日那天,儿子洛根脚后跟扎了一块玻璃碴,于是跑去找妈妈。劳伦拿出镊子,洛根一下就慌了。她告诉他,他可以把玻璃碴留着,等想取出来的时候再来找她。

躲开了可怕的镊子,他松了一口气,然后就去参加生日聚会了。其他孩子都在到处跑着玩耍,但因为脚后跟的玻璃碴,他跑不动。就连进游泳池都很危险,他只能用脚的外缘慢慢走着,又疼又别扭。

他想玩。

于是他怯生生地、不情愿地回来取玻璃碴了。那是痛苦的 20 秒,但之后洛根就能融入聚会了。

第三章 转化创伤：重塑性格，不让过去决定未来

这件事让我想起了迈克·辛格（Michael Singer）写的《清醒地活》(*The Untethered Soul*)。书中讲述了一名女子胳膊不小心扎了一根很大的刺，瞬间触电似的疼。结果她把刺留在了胳膊上，避开了拔刺的疼痛。

没错，她是避开了拔刺的剧痛，但这个决定是有代价的：有刺在胳膊上，她就必须确保**没有东西碰到**那根刺。

她不能在床上睡觉，因为睡着时有可能因为翻身碰到刺。于是，她开发了一个确保不会碰到刺的睡具。

她喜欢运动，但又害怕身体活动时碰到刺，造成锥心之痛。于是她发明了一种避免胳膊被碰到的护具。尽管护具戴着不舒服，还会妨碍活动，但她至少可以在进行喜爱的运动时护好身上的刺了。

为了确保没有东西碰到刺，她最后改变了生活的每一个方面。从工作、休闲到恋爱，为了摆脱刺带来的烦恼，她构建了全新的生活和环境。

她真的构建了吗？

她没有创造自己真正想要的生活，而是为了躲避痛苦不断追求狭小的目标。相应地，她放弃了自己想要的性格，她形成的性格不过是一种应对策略。

你可能没有这样一根彻底改变人生的"刺"，但我们生活的方方面面都可能存在着小刺和小玻璃碴。刺是情绪，是

我们回避的痛苦经历——既是过去，又有未来。

真我不是现在的我，不是受限的我，而是我们内心最深处的渴望、梦想和目标。

我们不去面对自己的恐惧，不去面对真相，而是去回避。

我们不去创造想要的人生，而是去构建让问题维持下去的生活。

我们不去努力成为想成为的人，而是停留在原有的自己那里。

我们不去让性格顺应目标，而是按照受限的当下性格来调整目标。

> **自我检测**
>
> 你有没有被负面经历塑造？
>
> 你在哪些方面有固定型思维模式？
>
> 你在哪些方面是围绕着"刺"在构建人生？
>
> 你正在追求的哪些目标是为了回避创伤？
>
> 如果创伤没有了，你的生活会有怎样的改变？
>
> 理想状态下，你会为自己选择怎样的生活？
>
> 不管你过去是怎样的人，也不管你经历过什么，你理想中未来的自己是怎样的人？

释怀过去，增强心态灵活性

> 我一直想要更好，想要更多。我也说不清楚，只是我热爱这项运动，却又不太记事。这是我前进的动力，直到我挂靴退休为止。
>
> ——科比·布赖恩特（Kobe Bryant）

在心理学中，**不应期**（refractory period）指的是让情绪从一段经历中平复过来，继续生活所需的时间。小的烦心事，比如路上被人超车或者夫妻吵架可能只用几分钟或几个小时就能平复。但有些事可能要几个月、几年乃至几十年才能放下。事实上，有些事永远不曾过去。

灵活心态能缩短不应期——哪怕是面对真正的痛苦或艰难。获得灵活心态的方法是与情绪保持接触，但不要被情绪完全吞没。你要一边追求有意义的目标，一边放开自己的想法和情绪。

在职业篮球比赛中，如果投篮失败，球员没有时间伤心气馁。没投中可能会带来失望或难堪，但不管自己有什么感受，他们最终需要回到比赛中，把注意力集中到当下，同时努力达成帮助球队取胜的目标。

如果他们沉湎于失分之痛，那就不能在赛场上全力以赴，从而为自己和队伍造成更多的麻烦。如果他们纠结于已经发生的事，那么下一次就可能因为害怕或消极预期而放弃投篮。他们会被困在过去，而不是活出未来的自我。

你对错误或者痛苦经历越不执着，就越能顺应情势、按照目标的要求行动。过去发生的事不会影响你要做的下一件事，也不会阻止你充分地**活在当下**。

你的心态越灵活，就能越快释怀。心态越不灵活，纠结的时间就会越长，哪怕只是小事。

罗莎莉记忆中的那堂美术课和近50年前的一模一样。她对这段经历的记忆不曾改变，也没有被重新诠释。因为记忆的情境没有变化，经历的意义也就没有变化。因此，罗莎莉仍然认为那个伤害了自己感情的老师粗鲁，也仍然认为自己没有艺术创作的潜力。那段经历和她的记忆这些元素都不曾改变。

然而，假如她灵活一些，从这件事中走出来，而不是为它纠结，那么她可能早就自己学会给自己的故事配图了。她可能已经出了几十本有很多小读者看过的书。随着时间的过去，她对那段经历的记忆也会在意义上发生改变。她甚至可能会完全忘掉那段经历。它已经失去了值得铭记的意义，更不用说定义她的身份认同了。

当一个人固执于痛苦经历过后的情绪不应期时，他就会继续从自己对那段经历**最初的反应**出发来看待和体验生活。于是，他会日复一日地再现那段经历带来的情绪，而不会调整和重构对那件事的看法和感受。

创伤变为了成规。

正如作家乔·迪斯彭扎（Joe Dispenza）博士所说：

> 如果放任不应期持续几周和几个月，你会形成一种气质。如果放任它持续好几年，那它就是性格特质了。当我们开始养成基于情绪的性格特质时，我们便活在过去，更被困在了过去。教自己和孩子缩短不应期能够解放我们，让我们不受阻碍地生活。

共情见证者：转化创伤的最佳方法

> 心魔是病根。
>
> ——匿名戒酒会（Alcoholics Anonymous）

创伤是对一段与痛切情绪相关的经历的认识。然而，带来创伤的经历未必会一直如此。尽管最初的反应可能极其负面或者让人无力，但一切痛苦经历都可以被重新看待和认识,最后成为一段成长经历。

要想让痛苦经历带给你成长,而不是让你无力,就不能将痛苦封闭内化。你不能有"脆弱认同",回避犯错或回避收到反馈。你需要亲身直面自己的情绪,也要愿意与他人分享自己的情绪。面对情绪与经历就能改变它们。

50多年前,罗莎莉经历创伤后,回到家里,没有跟任何人说。她锁住了自己的情绪,把情绪留给自己。她过早地对这段经历下了判断,从来没有想过去重新看待它。她放弃了自己的目标。经历就这样变成了创伤。

知名创伤研究学者彼得·莱文(Peter Levine)博士说过:"创伤不是外在发生的事,而是我们在没有共情见证者的情况下内在持有的信念。"

罗莎莉没有共情见证者。没有人听她讲述创伤,或者帮助她重新看待创伤。

情绪是很难表达给别人的,特别是痛苦的情绪。与许多其他人一样,罗莎莉将痛苦留给自己,转向了更狭小的未来。没有人帮助她确信**她能做到**、她可以实现未来想要的自己。没有私人教师或导师帮助她渡过那次"失败"或者"拦路虎"带来的痛苦,然后继续向梦想前行,甚至没有朋友帮助她重新审视美术课的经历。

"老师可能不是故意让你难过呢?"或许会有朋友吃午

饭时对她说。但这段对话从未发生。

许多痛苦经历同样被埋藏起来，成了秘密。来看看另一种严重得多的创伤——性虐待——的统计数字吧。研究表明，**高达 90%** 的性虐待受害者没有将虐待经历讲出来。

情绪体验越痛苦，就越有可能被封闭和内化。伴随情绪封闭而来的是过早的认知定式和关于自身的固定型思维模式。情绪没有被表达和重新审视，于是过去就痛苦得让人不忍去想。回避痛苦可能会带来一种延续终生的瘾：尝试让自己对过去的痛苦，也对追求渴望的未来自己麻木。

共情见证者可能会帮助罗莎莉改变她的体验，甚至帮助**她向美术老师**表达自己的感受。这是一种极其勇敢的做法，它可能会彻底改变罗莎莉的人生。她可能会发现老师其实无意伤害她。她可能会换一种方式看待他，并完全改写这件事的意义。她可能会将他视作一名关爱学生、一心想让她成功的教师。即便他对她的看法确实有局限，她或许也会明白埃莉诺·罗斯福（Eleanor Roosevelt）那句"没有人能让你感觉低人一等，除非你自己同意"的真谛。

但她从未有过这样的对话或转变性体验。于是，她仍然被自己最初的反应定义。她过去 50 年里都在说服自己去相信那段经历的真相，去确证随之而来的偏见。

不过，在我们相处的几天里，发生了一件令人兴奋的事：罗莎莉出现了打开思维的迹象。单单是谈起这件事，在头脑中重新审视它，并关注她对为孩子们写作绘画的愿望这件事似乎就造成了影响。

另外，她50年来第一次动笔画画了。这只是第一步，治愈延续终生的创伤是一个需要持续投入时间和努力的过程，但单单是一名共情见证者就让罗莎莉迈出了第一步。

罗莎莉的创伤经历可以与我妻子克服创伤的历程做一个比较。我妻子在读大一那年嫁给了一个与自己志同道合的男人，但她不知道的是，他脾气极其暴躁，而且有不良癖好。

婚后没过几周，他就开始对她实施家暴。她住在家乡，离父母只有几英里，但她没有声张。她惊呆了，同时也害怕父母可能的评判。他们也许会为她或她丈夫的行为感到失望，或者他们可能（只是可能）会对她管不好自己的事感到失望。这些都是她在创伤情绪性休克时的想法。

她秘而不宣。她试着"坚强"。

三年后，她住得远了，当初偶尔为之的家暴成了家常便饭，她的身上留下了永久的伤疤。

在劳伦已经离婚，跟我约会的很久之后，我们决定去做几次婚姻咨询，为婚姻做好准备。医生在治疗期间告诉我，劳伦之前的婚姻会成为我一生都要面对的问题，我应该做好在任何时候都可能刺激到她的准备，而且我需要耐心和共情。

第三章　转化创伤：重塑性格，不让过去决定未来

劳伦没有相信医生的话。她已经决定摆脱"离过婚""被家暴"或"受害者"这些标签。过去的她和她过去的创伤不会再定义未来的她。现在，任何一个人见到她都不会相信她曾经多年心怀恐惧，默不作声地被身心虐待包围。

她昂起头彻底地面对和应对了这些问题。她跟医生、朋友和家人，也在日记中跟自己坦言相告。她有意识地在安全和向上的环境中谈论自己的创伤。她的创伤记忆就这样被改变、被影响了。

她拔出了"刺"。

她的创伤转化成了不可思议的成长。

她不再被虐待掌控。

她的未来的自己占了上风。

她的过去连同伴随的痛苦不是她的遭遇，而是有意义的经历。她怀着感恩与平和，而非憎恨看待人生的那段经历。她原谅了过去的自己和前夫。

当别人来问她如何帮助身处类似状况的家人、朋友时，她的回答总是一样的：倾听，提出好问题，不要下判断，不要提建议。这些就是共情见证者的关键原则。

我们都需要一位共情见证者来抚平创伤。知名心理医生琳恩·威尔逊（Lynn Wilson）说过："归根到底，理解与意义来自两个人的真心相交。"

琳恩懂得共情见证者的重要性。1991年，她与26岁的患者琼·弗朗西斯·凯茜（Joan Frances Casey）合著了《人格群集：一位多重人格患者的自传》(*The Flock: The Autobiography of a Multiple Personality*)一书。琼是一名饱受创伤的女人，患有极其严重的多重人格障碍，一共有24重人格。在琳恩这位共情见证者的陪伴下，经过深入的坚持努力和两人治疗关系的帮助，琼的破碎自我愈合成了一个坚实的整体。

直到劳伦脱离家暴的那一天，她都没想过自己真的能做到。虐待是如此家常便饭，以至于她在大脑中关掉了通向现实情况的大门。她不再有战斗或逃跑的本能；她僵住了。但那一天她在去妯娌家小住时遇到了自己的共情见证者纳塔莉。

尽管纳塔莉之前从未见过劳伦，但她很快看到劳伦有创伤，于是开始倾听。她向劳伦提了劳伦以前从没想过要问自己的问题。纳塔莉对劳伦感兴趣，而且从来不评判她。劳伦很快信任起纳塔莉。相处几天后，纳塔莉花了一个通宵用劳伦的话把事情记了下来。文中没有纳塔莉的想法、观点或判断。纳塔莉只是把劳伦的话端到她面前，就像一面镜子。

劳伦读的时候完全震惊了。她显然再也**不能回去了**，不能回到丈夫身边，不能回到原来的那个自己。

她解脱了。

她当场给爸爸打电话，把纳塔莉的文字读给他听。他马上订了机票，跟女儿一起收拾行李。

对于找到或者成为创伤的共情见证人，何时都不算晚。事实上，如果你真的想改变自己的人生，你身边需要一大批新的朋友、导师和支持者。你需要可以与其坦言自身困苦的人。

你需要能帮助你进入下一个境界的人。否则你会在碰上某种情绪时，把它闭锁起来，然后止步不前或者每况愈下。

如果没有共情见证者帮助你处理和重新审视你的体验，鼹丘也会变成大山。真正的共情见证者会鼓励你抉择去做那些可以让自己进步的事。

面对真相和在人生路上前进永远需要勇气。

勇气会转化创伤。

鼓励会增加勇气。

在生活中获得他人的鼓励能帮你自己做出勇敢的行动，所以你需要鼓舞人心的人。

> **自我检测**
>
> 试举出人生中给你鼓励最大的两或三人。
>
> 他们是怎样鼓励你的?
>
> 这对你有何影响?
>
> 去联系他们,真诚地感谢他们对你人生的帮助。

对生活影响最大的往往是非常简单的小事。比如,里奇·贝弗里基(Rich Beverage)就是我人生中的一位关键的共情见证者,他在我失落时鼓励了我。19岁那年,我放弃了教会事工的目标。于是,前教会领导里奇找到我,请我吃了几顿午饭。小小的善意却发挥了不可思议的影响。他帮助我明白,我犯的错误和所处的境遇不应该阻止我为了自己的前程而努力。他的鼓励帮助我勇敢地做出了之前几乎感觉无望的决定。

在2019年的一次采访中,电视人凌志慧(Lisa Ling)讲述了团队合作对自身事业的重要性。她是美国有线电视新闻网(CNN)《这就是人生》(This is Life)节目的主持人,这是一档直言不讳的节目。凌志慧经常采访饱尝苦涩、挣扎的人。例如,她采访过一名11岁时被卖进妓院的17岁女孩。女孩在采访过程中说,她那时经常给警察打电话,哀求他们把她抓起来，好让她有一个安全的地方睡觉。

这只是凌志慧做过的无数次痛彻心扉的真实对话中的一次。采访后，凌志慧和她的小团队常会在一起垂泪痛哭，因为访谈和故事太真实、太沉重了，在17岁女孩的那次采访后也是如此。凌志慧回忆道：

> 她最后不得不反过来安慰我，因为我悲伤得不能自已。访谈后，我，还有团队成员，我们抱在一起，哭作一团。五个大男人加上我，我们又哭了，我们必须宣泄出来。实在是太惨了……一路上有团队陪伴真是救了我的命，要是我一个人做，我不知道能不能挺过这些年，因为情绪消耗太大了，但有这些伙计在身边——真的，我的团队是由最善解人意、最了不起的人组成的，男女都有——是他们让我走到了今天。

凌志慧在做一项有力量、有意义、有感情的事业。她是明智的，因为她知道自己一个人扛不下来。她有一群共情见证者助她前行。

如果你真心寻求成长，那么你也需要一个共情见证者的团队。你不需要做凌志慧所做的那样牵动情绪的工作。一切朝向远大目标和重大事业的成长都会消耗大量情绪。不要一个人上路。你要有一个当你遭遇窘境、心如刀绞、精疲力尽、恐惧崩溃的时候能与你拥抱的团队。

如果你志向远大，你一路上会经历大量失败、心痛、难过和痛苦。你需要一个共情见证者的团队。你需要有人鼓励你坚持前行——他们会鼓励你心怀远大梦想，在其他人不理解你的时候激励你做自己的事业。

戴维·奥斯本（David Osborn）是一位成功的企业家和房地产投资人，身家超过一亿美元。他将自己的许多成就归功于一个"责任合伙人"小组。十多年来，四个好兄弟一直定期聚会，支持彼此，对彼此负责。

定期聚会的地点经常选在世界各地的新奇环境中，聚会的一个环节就是互相读自己的"一页纸报表"。这一页纸上有他们生活中所有重要和私密的数据。他们会分享自己的个人净资产、收入、近期捐赠的善款、被动收入等财务信息。表中也会有详细的体脂率、肌肉量和其他身体健康指标，包括验血结果。他们甚至会提供私人生活的指标，比如个人快乐度和夫妻和睦度。

除了坦诚地分享生活各个主要方面的数字指标以外，一页纸报表还会披露这些指标在前一年的变化以及未来一年的预期变化。

第三章 转化创伤：重塑性格，不让过去决定未来

对别人说实话、"赤裸相对"是需要勇气的。奥斯本和他的"小组"认为负责是世界上最强大的力量。他们是彼此的共情见证者、教练和责任合伙人，他们都将自己的许多成就——组里的四人都取得了非凡的成功——归功于责任小组。

> **自我检测**
>
> 你现在最重要的三位共情见证者是谁？
> 你还有其他人可以或者需要成为你新的共情见证者吗？
> 你现在可以把谁拉进自己的团队，帮助你到达你想去的地方？
> 你现在有多少责任和"软肋"？

你的"团队"应该包括许多不同的成员。我现在还记得刚开始找财务顾问时的情景。我一开始觉得坦诚披露个人财务状况很奇怪。我觉得自己的处境不安全。但顾问帮助我形成了新的金钱观。他帮我理清了目标，还建立了达成目标的令人惊叹的系统。他只是我的团队中的一员，但他一直是我的共情见证者。

我未来的自己越高大，我的圈子里就需要越多的共情见

证者帮助我抵达未来。正如领导力专家罗宾·夏玛（Robin Sharma）所说，"梦想越大，团队越重要"。

重建信任，成为身边人的共情见证者

除了寻找自己生活中的共情见证者以外，你还可以，也应该努力成为身边其他有迫切需要的人的共情见证者。基本上你认识的每一个人大概都有藏在心里的痛苦情绪。用大学校长、宗教领袖亨利·艾林（Henry Eyring）博士的话来说，"与人见面时，好像对方深受困扰似的对待他，十次里有五次以上不会错"。

任何经历或视角都能通过心怀同情的交谈转化。研究表明，适当的共情倾听会带来相互信任与理解。对话环境一定要让人有安全感与合作感，让双方都得到倾听，从而建立起双方共有的新过去与新未来。

在得到关爱与共情的倾听时，说话者会听见自己说的话，想明白自己的问题。这有助于他们找到解决之道。情绪的重担卸下了，压力和困惑也就减轻了。他们的自尊心和自我觉知也会随之增长。

担任一名共情见证者的要点在于关注对方，而不是只顾自己。共情倾听不可操之过急，一定要出于爱。哪怕你从来都不曾真正理解对方问题的来由，你依然要有**理解的欲望**。要想做得正确，倾听者的核心动机应该是理解和鼓励。

每个人都需要时间处理和开拓自己的看法。**不要提解决方案或建议，至少一开始不要**。相反，要提真诚的、开放性的问题。说话者回答后，倾听者要继续要求他提供更多的信息和想法，可以这样说：

"你能多给我讲一讲吗？"

"这是什么意思呢？"

"这部分为什么如此重要？"

"你已经放弃追求美好未来了吗？"

"从中能得出什么积极的东西呢？"

"你的未来会因为这个而如何不同？"

"你现在能做什么前进的事？"

"我能帮上什么忙？"

对方说完后，你要用自己的话或者原样重复一遍，确保你听准确了。接着，提别的问题。问题要真挚实在，建立在关切和深入倾听的基础上。

信任是一切人际关系的关键。不要急于建立信任。信任一旦建立，万事皆有可能；信任一旦摧毁，哪怕最简单的事也会成为不可逾越的鸿沟。

归根到底，转化创伤的要点是**重建信任**。信心与希望会随着信任一同失去。罗莎莉要充分信任自己，方可追求艰难的目标。

信心和希望失去了，未来也就丧失了，于是过去成了头等大事。创伤会粉碎想象力。信任和信心是想象力与改变的可能性的源泉。

任何一段关系都有可能出现创伤。人非圣贤，孰能无过。要想继续前进，道歉与原谅缺一不可，而且两者必须一起发生。双方眼中的过去都不是客观的，而是相当主观的，所以必须通过怀着共情与爱意的理解，共同创造对过去的记忆。

任何创伤都可以转化。过去可以改变，哪怕是在看似陷入困境、正在解体的关系中。

> **自我检测**
>
> 你有背负着心结的关系吗？
>
> 有没有过往经历让你对一段关系形成了固定型思维模式？
>
> 现在有哪三个人可以成为你的共情见证者？

📎 本章结语

人之为人，内心难免有创伤。我们如果能转化创伤，那么在通往目标的路上就会势不可当。如果不能，那么我们的生活就会成为创伤的副产物。

创伤的一项基本特征是，它被单独挑出来，继而被内化，最后被回避。最初的情绪反应——消极而痛苦的，还可能是让人无力的——成了头脑中储存的记忆的过滤器。

健康的记忆会随着时间变化。人在成长，过去也会持续变化，在内涵与实际用途上延伸。

要想走出痛苦经历、向前进，你不能回避它们。你需要面对。在日记中记录和整理自己的想法和情绪很重要，也很有力。你可以将想法和感受从头脑中转移到纸面上。通过面对自己的情绪和负面感受，你就能改变它们。

你还需要外人的视角帮助你重新审视自己的经历。俗话说，"身在瓶中，不见标签"。共情见证者不是要给你提建议，而是为了你，专门坐下来听你说话，给你坦率表达自身感受的空间。这样一来，你的感受就可以转化了。如果要找共情见证者，专业心理医生会是一个好的选择。

如果你有任何尚未转化的负面或痛苦经历,那就是时候找一位共情见证者了——要是有多位就更好了;是时候转化自己的创伤与过往了;是时候走出最初的反应,让心态灵活起来了。去找一个你信任的人,尽可能诚实地分享自己的故事和经历。

你也要开诚布公地描述未来的自己、你真正的欲望。坦诚地分享你可能一直在追求的"小目标"或者作为创伤副产物的生活。

最后,如果你的生活中有重要的人需要去原谅,或者需要与你或由你建立更深的联系,那就去吧,去聊聊吧。过去的感受很快就会瓦解和转化,快得让你惊讶。你会觉得自己才开始抬头呼吸,你都想不到自己之前的生活有多么窒息。

第四章

改写你的故事：
创造新的身份认同

你的世界观反映的主要是你，而不是世界。你对过去的看法反映的主要是你，而不是过去。因此，你应该以想要的未来自己为基础构建意义。这需要你有意识地去理解自身经历，甚至是难过的经历。

> 我们的人生故事绝非固定不变,而是在不断被修订。在我们努力向自己和他人解释现在的自己是如何形成的过程中,细线般的因果关系会被重新编织和重新阐释……所以,不加评判地倾听患者讲述在心理治疗的初期阶段非常重要。这些记忆中不仅包含着事件,更包含着患者赋予具体人物的意义。
>
> ——戈登·利文斯顿(Gordon Livingston)博士

巴兹·奥尔德林(Buzz Aldrin)是"阿波罗 11 号"航天任务中的登月舱驾驶员。在尼尔·阿姆斯特朗(Neil Armstrong)刚刚成为登月第一人并说出"个人的一小步"的豪言壮语后几秒钟,奥尔德林就踏上了遍布沙尘的月球表面。这本应是一次了不起的正面经历,却险些毁了奥尔德林的一生。

当时,宇航员从太空返回地球后必须经过三周隔离。在这段时间里,奥尔德林很快染上了酒瘾,之后一直持续了九年多。他的 21 年的婚姻急转直下,并最终结束。光荣的军旅生涯也糟糕收场。在人生的最低谷,他在贝弗利山(Beverly Hills)当凯迪拉克汽车销售员,但六个月都没做成一单生意。

第四章 改写你的故事:创造新的身份认同

一天晚上,奥尔德林喝醉了,女友把自家的门锁上,不让他进去。盛怒之下,他砸开房门,撞了进去。震惧不已的女友报了警。奥尔德林被捕。

这一切是如何发生的?巴兹·奥尔德林这样一个成功而优秀的人的人生怎么会这样急转直下?

奥尔德林在 2009 年出版的自传《伟大的荒凉》(*Magnificent Desolation*)中给出了答案:"对我来说,从'准备成就一番大事业的宇航员'到'讲述过往成就的宇航员'的转变并不好受……老调重弹有什么意思?"

从月球返航的过程中,奥尔德林沉溺于负面想法与消极情绪。凝视着下方的地球,他失去了想象力。他再也不会有更大的成就了。他的未来结束了。

我不会再有所超越了,他心里想。

他在 39 岁达到了人生巅峰。这个想法让他恐惧,于是他试图借酒浇愁。

我们可以将巴兹·奥尔德林的故事与篮球运动员扬尼斯·安泰托昆波(Giannis Antetokounmpo)的故事做一个比较。

安泰托昆波在希腊长大,家境贫寒。事实上,他们家只买得起一双篮球鞋,他和哥哥不得不轮着穿。前半场哥哥穿,下半场换安泰托昆波穿。

安泰托昆波最近与耐克公司签订了一个大项目，全球各地数以万计的孩子们穿上了他的签名款球鞋。2018—2019赛季，他荣获美国职业篮球联赛最有价值球员奖。在一次访谈中，美国娱乐与体育电视台评论员雷切尔·尼科尔斯（Rachel Nichols）问安泰托昆波，他对最有价值球员奖是否有很深的感触。

"说实在的，我确实很高兴，"他说，"但我这辈子再也不想听人说起这件事了。这是很大的成就、很大的荣誉。但你懂的，那已经是过去了。"

"等等，你的意思是说，你再也不想听到'最有价值球员'这几个字了吗？"尼科尔斯吃惊地问他。

"是的，我觉得它太沉重了。你跟别人讲这件事的时候，往往就会松懈。如果我一直想着'我是联赛最有价值球员'，那会发生什么？我会松懈。而我不想那样。我是为此感到自豪，但我现在该去追赶下一个目标了。"

安泰托昆波是由目标定义的，而非过去的成功或失败。定义他的是**接下来要做的事**。他在追赶未来的自己，这就是他不断成功的原因。

战略教练（Strategic Coach）公司创始人丹·沙利文认为，当你的"地位"变得比"成长"更重要时，你往往就会停止成长。然而，当成长是**你的真实动力**时，你往往最后会

第四章 改写你的故事：创造新的身份认同

取得很多地位，但你不会流连于此。你会完全愿意毁掉旧的地位，创造新的地位。正像沙利文说的，"永远要让你的未来比过去更远大"。

如果你诚实面对自己，你可能会发现自己的主要动力正是某个**地位**。一旦获得了这个地位——比如某种头衔、收入水平或人际关系——你的激励模式就会从**积极进取**变成**患得患失**。你会不再朝向未来更宽广的、新的自己前进，而是侧重关心如何避免失败，从而维护现有的地位或身份。你会不再勇敢。你会停滞不前，进取时的那种能量与热情会消散，并变得不再像以前那般鼓舞人心。

没有了超越当下自我的未来自我，生命就会开始失去意义。

康多莉扎·赖斯（Condoleezza Rice）是美国第66任国务卿，也是首位就任国务卿的非裔美国人、第二位女性国务卿。她一直在生活和事业中逆风而行。她能取得如此大的成就和开创性意义，原因之一就是她的哲学观。用她自己的话来说，就是"我坚信，人永远不应该沉湎于任何'过去'"。

人"不应该沉湎于任何'过去'"，单这一句话就点明了本书的宗旨。不管你**过去**是宇航员还是瘾君子，你永远都不应该再**停留**在过去的任何身份中了。创伤和成就都会对性格造成有力的影响。但不管经历了什么，你都不应该停留在过去，也不应该让过去定义自己。

真正的你是未来的自己，是你努力要成为的人。

在很长一段时间里，巴兹·奥尔德林的"任务"都是站上月球。他的身份认同、选择和环境都是围绕这个使命或者目的构建的。但"使命达成"之后，他就困在了这个地位中。从他的视角看，他没有办法超越这样的自己，于是他对未来就放任自流了。失去了有意义的使命，他的人生也就失去了控制。

奥尔德林在目标和想象力的推动下登上了月球，之后在未来的自我中完全迷失。

扬尼斯·安泰托昆波的道路恰恰相反。荣获最有价值球员奖后的几周内，他就看开了这一地位，将注意力转移到了下一个目标上。

这并不意味着他不高兴或者不心怀感激，而意味着他没有将情绪捆绑在某个成就或某个身份上。他眼中的自己永远在未来，而不是过去。因此，他身边的人会故步自封，而他不会。他会继续生活，而不只是活着。

本章接下来会介绍如何构造叙事和故事，从而塑造自身经历的意义。你将学会重构自己的故事，将关注点投向未来——投向你想要成为的人——就像安泰托昆波和埃隆·马斯克等人那样。这是一项罕见的技能，也是他们之所以成功

第四章 改写你的故事：创造新的身份认同

的部分原因。

掌握这些新技能后，你可以挑战一下**重构自己的故事**，不再让你的过去把你困住，而是让它推动你前进。过去不再是遭遇，而是有意义的经历。读完本章后，你可以挑战一下用未来的自己向别人做自我介绍，而不是用过去的自己。

你是谁？

做好情绪调控，用故事创造"意义"

不久前，我的妻子和11岁的大儿子卡莱布带着我家七个月大的双胞胎女儿出去散步。卡莱布推着婴儿车。他们走在乡间小路上，两旁灌木丛生，沟壑纵横。

上班前，我有话要跟劳伦讲，于是开车四处找他们。到了劳伦身旁，我停下车，和她聊了起来。卡莱布站在旁边听着。

我们所在的石头路边缘微微向下倾斜。话刚说了大约20秒，我注意到婴儿车开始往一边的水沟里滑，于是喊卡莱布把婴儿车拽住！

他尽力了，但冲力实在太大。他和小妹妹们一起掉进了沟里。

佐拉没有绑好安全带，从车里掉了出去，一下就哭了起来；菲比绑了安全带，被留在了车里。

万幸他们摔得都不严重，佐拉也只是被吓到了。但卡莱布明显震惊于这段经历。他一边哭，一边盯着地面。我们戳了他几下，但他还是回避眼神交流。我看得出来，他正在种种情绪之间定义这段经历的意义。鉴于他的情绪是负面的，他正在形成的意义也就同样是负面的。

我不希望卡莱布这样。我想帮助他调整情绪，提高心理灵活性。我希望他以积极健康的心态建构这段经历，而不是沉浸其中。

意义是在情绪感受中形成的。知名心理学家罗伊·鲍迈斯特（Roy Baumeister）博士称，意义是事物或事件关系的一种心理表征。"意义连接事物。"鲍迈斯特解释道。

意义与意义形成方面的心理学专家克里斯特尔·帕克（Crystal Park）博士认为，人是通过连接以下三者来从经验中创造意义的：

- 首先，我们对事件或经历**定义原因**。（"刚才发生了什么？"）
- 接着，我们将**起因与身份认同相连**。（"这段经历与我有何相关性？"）

第四章 改写你的故事：创造新的身份认同

- 最后，我们将**起因与身份认同关联到更宏大**的世界观与宇宙观。（"这段经历，还有我的身份认同与世界有何相关性？"）

创造意义对我们是谁、我们会成为谁至关重要。我们大部分的性格是基于我们赋予先前经历的意义，基于我们赋予各个目标或价值的意义，基于我们的关注点。性格甚至会基于我们赋予小事的意义，比如玩笑、音乐、风格或兴趣。

创造意义是我们的本能，但它也有阴暗面。如果不去有意识地对待我们自己形成的意义，我们就会形成关于自身的过早的认知定式。

> 我是坏人。
> 我是内向者。
> 我永远无法实现梦想。
> 我不擅长跟人打交道。
> 我不喜欢她那样的人。

如果不去有意识地把握，意义的形成可能会让你陷入固定型思维模式。比方说，创伤并不是事件本身，而是你从中得出或创造出的意义。坏事难免会发生，但让坏事变成创伤的是**你的理解**。

就拿肖恩·斯蒂芬森（Sean Stephenson）来说吧。他患有成骨不全症，身高仅0.91米，从出生起就坐上了轮椅。斯蒂芬森有这样的看法和遗言："这不是我的遭遇，而是有意义的经历。"他从轮椅上摔下来，头部着地，痛苦不堪，在弥留之际说了这句话。这就是他的理解，不仅是对这个致死意外的理解，更是对他原本可能有着无比创伤的整个人生的理解。

创伤是你赋予事件或经历的意义，意义塑造了你对自身、未来，乃至世界整体的认识。你在先前"创伤"中形成的意义驱动着你当下的性格、选择和目标。

直到你将意义改变为止。

花一秒钟想一想：你为什么要这样定义自己？你为什么是现在这个样子？你为什么喜欢或讨厌某些事物？你为什么要追求现在正在追求的东西？

这一切都归结于你对过往经历塑造出的意义以及由此形成的身份认同。

意义源于自身经历与收集的信息，同时又塑造了我们的世界观。有一点很重要：作为人类，我们常常是先形成关于自身的意义，然后透过自我形象这面透镜去审视世界。正如史蒂夫·柯维（Stephen Covey）博士所说，"我们看到的不是

第四章 改写你的故事：创造新的身份认同

世界本身，而是我们自己"。

如果你对自己的看法是负面的，你的世界观大概也会是负面的。如果你对自己的看法是正面的，你的世界观大概也会是正面的。**你是透过身份认同去审视世界的。**

你只会看到，或者说有选择地关注对你有意义、与你相关的事物。上哈佛大学成为使命与认同后，安德烈·诺曼在狱中就不再关注身边种种犯罪行为的原因就在这里。奥尔德林沉浸在自己过往的地位中，看不到成长的机会的原因也在这里。

你的世界观反映的主要是你，而不是世界。你对过去的看法反映的主要是你，而不是过去。因此，你应该**以想要的未来自己为基础构**建意义。这需要你**有意识地去理解**自身经历，甚至是难过的经历。

> 未来的我会如何回应这段经历？
> 他会如何认识它？
> 他会为它做什么？
> 他如何将经历化为动力？
> 这不是遭遇，而是有意义的经历。

在情绪高涨的状态下，卡莱布形成了自己对让婴儿车滑下去这段经历的认识。尽管小妹妹没出事,这件事却可能成为卡莱布的创伤,对他造成长久的伤害。在意义形成的过程中,卡莱布的想法和感受可能经历了三个阶段:(1)定义原因(2)塑造身份认同(3)通过身份认同塑造世界观。

关于因果关系,可能有以下想法:

因为我没有抓紧,所以婴儿车开始往下滑,这是我的错吗?

我为什么没有抓紧?

这是爸爸的错吗?因为他拦下了原本在散步的我和妈妈。

爸爸为什么拦住了在散步的我们?

这是因为我们在乡村小路上散步吗?

妈妈为什么非要带我们出来散步?我宁愿待在宿营地。

基于因果关系的身份认同塑造可能包括以下想法:

我不喜欢和爸爸妈妈在一起。

我不是个好哥哥。

我不喜欢跟妈妈出去散步。

我再也不想干这种事了。

小妹妹太柔弱了，一点也不好玩。

思考过事件和自己之后，卡莱布创造出了一套关于人生整体的"全局意义"。可能包括以下内容：

出门散步是危险的。

世界是危险的。

生活是糟糕的。

爸爸总把事情搞砸。

上述意义形成过程在大脑中只需片刻。这些因果场景反映的不只是想法，还有卡莱布对事件最初的情绪反应。如果没有需要时间和练习才能掌握的情绪调控术，没有共情见证者帮助他克服最初的反应、积极健康地构建自身经历，那么他就可能会从这次经历中创造出应激性和消极性的意义。

人类本质上是意义制造机。我们创造意义是为了理解自身的生活。懂得了这个事实，你就能到处看见它。我们甚至会在最细微、最琐碎的经验中创造出意义，进而影响身份认同和世界观。每一件小事都有意义。

举个例子，在最近一次长途开车的路上，我突然**急着**上厕所。我用了大约五分钟找到出口。在那五分钟里，我脑中闪过了几个念头。

  太荒谬了。
  真倒霉。
  怎么偏偏发生在我身上？

  接着，我注意起了自己的想法，并有意识地对待它，这正是一项被心理学家称为**情绪调控**的重要技能。随着愈发有意识地对待生活，你会开始将类似的小事看作成为你想成为的人的"练习"或"演练"。如果你连这些危险不大的小事都把握不好，那么等大事到来时也不会有出色表现。

  生活就是练习。

  在管理富有挑战性的情绪时，你可以有意识地定义自身经历的意义。这与常见的情绪处理和意义形成过程恰好相反。大多数想法是由**情绪**主导的，特别是在情绪高涨的情况下。这些想法本身是无意识的应激反应，但之后会变成长期持有的意义和叙事。

  你的想法——或者更具体地说，你的目标——应该主导情绪，甚至在经历最初激发了难以承受的情绪时也应如此。

  你在大小经历上的情绪调控做得越好，心理灵活性就越大。随着心理灵活性的增大，情绪和经历就不会再以应激的方式定义你。你能够放下自己最初的情绪和想法，更好地引导自己的情绪和想法，以目标为导向、以价值为中心迈进。

情绪调控的第一步是在情绪出现时就**加以认定并贴上标签**（尽可能详尽描述）。如果没有意识到自己的情绪，也就无法管理情绪。

情绪调控的第二步是理解**原始情绪**和**衍生情绪**之间的区别。

原始情绪是你对外部事件的最初反应。你不应该评判它们。它们是我们对周遭事物的自然反应。比如说，爱的人去世会悲伤、堵车时会心烦都是自然的第一反应。

衍生情绪是对感受本身的感受。比如说，你在感到受伤时可能会为此愤怒，在焦虑时可能会为此感到羞耻。衍生情绪会让你的反应更加强烈，可能会让你做出破坏性的行为。因此，灵活心态的一部分含义就是放下最初的反应——不要太在意或者对号入座，而是要承认它，给它贴上标签，然后决定自己想要如何解读和感受这段经历。

情绪调控的第三步是**放下负面情绪**。不能假装自己没有负面感受，承认并接受它是释怀的关键。接下来，你要从情绪中后退一步，考虑按照它行动的结果。结果往往不符合未来的你的价值观和目标。

人们常常因为一时冲动、不顾后果而做出愚蠢的决定。比如说，压力大的时候狂吃曲奇饼可能在一开始感觉不错，但终究会造成负面结果。结果才是你要考虑的，因为结果会决定你长远的感受，是结果创造了未来的你。

鉴于卡莱布只有 11 岁，他在情绪调控方面尚不熟练。劳伦和我努力帮助他培养不当闷葫芦，而是自如、开放地表达自己的能力。开诚布公地表达情绪是情绪调控和心理灵活性增大的关键。你的情绪表达能力越强，你就越能积极应对并妥善处置情绪。

卡莱布需要共情见证者。他在情绪高涨的情况下最不需要的就是说教。我们告诉他，他已经尽力帮助小妹妹了，一切都会好的。我们让他去怀抱和安抚佐拉，还夸他会哄小孩。"意外是难免的。"我们说。

我们帮助他表达了自己的情绪，我们全家共同决定了如何对待这段经历。我们让这件事的意义由消极意义转变成了建设性的积极意义。

意义形成过程的关键是建构故事。我们是通过故事来理解自身经历的意义的。我们是通过故事来理解身份认同的。人生、具体事件乃至具体的一天都有故事。越是有意识地过自己的生活，你就越会成为故事的作者。你塑造了自身过去的意义。你也会为了写出想要的关于自己过去的故事，而去塑造当下与未来经历的意义。

我们选择不讲卡莱布的窘事，而讲他英勇救妹妹的故事。正如音乐剧《魔法坏女巫》(Wicked)中的巫师所教导的，"一个人是英勇的斗士，还是残忍的侵略者？这完全取决于哪一个标签能延续下去"。我们走出了恐惧和失败的原始情绪，将叙事权握在了自己手中。

> **自我检测**
>
> 你现在有多少故事是基于原始情绪，即对各个事件或经历的最初反应？
>
> 在你现在为过去事件赋予的意义中，有没有哪些已经不符合你想要讲述的未来自己的故事了？
>
> 你的故事是怎样的？
>
> 你是谁？
>
> 你为什么会是现在这样的人？

本章接下来会探讨这些问题。你会发现，你可以，也应该成为故事的塑造者。

性格修正

你的过去由你"创造"

肯·阿伦（Ken Arlen）成长于20世纪70年代，高二那年开始大量吸食大麻。为了掩盖大麻的味道，他抽起了香烟，因为对他吸烟的事，父母尽管算不上高兴，但也不太在意。香烟在当时的形象还没有那么负面。

肯在整个高三和大学四年期间一直在抽烟，大学期间已经到了一天抽一包的程度。肯向我讲述这段经历时说，他当时真的相信人喝啤酒的同时一定要抽烟，那是生理决定的。他甚至喝咖啡都必须配烟。

上大学的时候，他和朋友们多次尝试戒烟，但全都没成功。"那是永恒的主题，"他说，"我的意思是，我尝试戒烟至少有20次吧，结果还是没戒成。"

抽烟成了他身份认同的一个关键方面，他做的每一件事都离不开烟。他学习时抽烟，早晨起床时抽烟，跟朋友在一起也抽烟。他真的想戒烟，因为他知道吸烟不健康。他知道吸烟是恶习，也知道他已经对尼古丁上瘾了。他也有成功戒烟的目标。

大学毕业后，他经历了一段转折期。他搬到了威斯康星州麦迪逊市（Madison, Wisconsin），在截瘫病房里当护理员。

医院里有一间允许抽烟的护理员休息室。肯第一天上班走进休息室时,另一名护理员掏出一根烟递给他。

他说:"不了,谢谢。我不抽烟。以前不抽,以后也不抽。"

这件事发生在 40 多年前。在那之后肯再也没有抽过一支烟。

肯改写了故事。他改写了自己的过去,而这让他在新环境中有了新的身份认同。

首先,他来到了一个新环境,没有人知道他以前是烟民。他还说自己不抽烟的决定是一时冲动,但也是一种策略。他公开向同事宣布自己不抽烟,这样一来,他就将自己置于一种在同事身边抽烟会感到别扭的处境中。

"这个点子是潜意识帮我想出来的,我觉得有几分道理,因为我知道,许多习惯和成瘾都是对同侪压力和环境的反应。我在那个环境里想当不抽烟的人。"

过了大约一周,他就不再渴求尼古丁了。考虑到肯大部分时间都在医院,而他在医院的身份是不抽烟的人,所以这段时间也没有那么难熬。过了第一周,**他就再也不想抽烟了。**

他是故事的作者。

由"缺"转向"得",重构你的叙事

按照学者丹·麦克亚当斯(Dan McAdams)博士提出的"叙事认同"(narrative identity)理论,身份认同都来自将生活经历整合为内化的、不断演化的故事。故事为我们的生活赋予了整体感和使命感。

这种生活叙事整合了我们对过去的再现、对当下的感知以及对未来的设想。三者同时性地共存着。因此,从经验角度来看,过去、当下和未来不是时间线上的不同要素,而是同时发生的一个整体。你的过去、当下和未来全都发生在**现在**——至少在你头脑中是这样。

我们讲述的自身故事是根据实时经历而持续演变的。过去的"事实"未必会变,但你告诉自己的关于这些事实的故事绝对可以变,也确实会变。而且你在修订自己的历史时可能会漏掉,并最终忘掉某些曾经在故事中占据主导地位的"事实"。也许某些事实根本不是事实,而只是你之前的看法。

人们往往不去创造有利于自己的叙事,而是沉浸在基于对某段经历的最初反应的故事中。

对往事的"重构"叙事的一个关键方面,就是将先前定义为负面的经历转变为正面的经历。你可能在挠着头问自己:"我为什么要这么做?如果经历是负面的,我为什么要假装它是正面的?"

"正面"和"负面"不是事实,而是**意义**。

你赋予往事的意义决定了现在的你和你的未来。改变对过去的看法对塑造更好的认同、打造更好的未来至关重要。改写故事对改变身份认同也很重要。新的未来会创造新的过去。

我研究这个领域已有十多年,我见过的最有效的重构方法莫过于丹·沙利文所说的"得与缺"。按照沙利文的说法,生活在"缺"中就会只盯着自己缺什么。

当你生活在"缺"中,你便无法感悟或享受生活中的好。你只关注为何有些事没有按照你所期望的方式发展。例如,或许你住在一个很大的房子里,但如果你生活在"缺"中,那么你所看到的可能就只有房子存在的问题;你或许有位很棒的伴侣,但你只关注你所认定的对方的错误或缺陷。

这就是"缺"。

你的孩子可能很优秀,但你只看到他们的缺点。

你在过去的 90 天里可能在目标上取得了巨大进步,但你只看到了不符合计划的事情。

不妨将"缺"比作"得",不再总是按照理想状况来衡量自己,而是与过去的自己作比较。

这听起来可能有点反直觉，让我解释一下。

你对自己和他人**讲述的故事**要关于未来的自己——你的理想。但当你**衡量短期进展**时，你要往回看之前的自己。之所以要定期衡量你的所得，目的是看到自己的进步。看到进步就会有动力与成就感。这会增强你在追求超越过往的自己时的信心与志气。

对"得"的衡量为什么重要？

首先，它会转移"选择性注意力"的焦点。我们不是在客观地看待世界，而是通过一个主观的透镜。透镜是通过我们自己选择的关注点训练出来的。当你开始聚焦于"得"时，你就在训练自己看到进步和动力。你创造出了"赢"的意识，从而提升信心、兴奋感和热情。

这就是完全在心理层面衡量"得"的目的和现实意义。它的目标是让你觉得自己做得很好，因为随之而来的正面情绪和信心会激励你再接再厉，追求更大的、更有挑战性的目标。信心是想象力的基础，而信心来自看见进步。

当你开始积极建构自己的故事时，从"缺"叙事转向"得"叙事会有很大的力量。比方说，你可能对过去发生的某件事心怀负面情绪，你可能只看见这件事让你付出的代价，你可能会将当下的处境归咎于先前的经历。但为何不让这些经历的剧本来一个反转呢？如果你主动转移注意力，开

第四章 改写你的故事：创造新的身份认同

始寻找这些经历中的"得"呢？如果你选择从另一个视角重构和重述这些故事呢？

历史一直在随着新视角、新经验、新认识而修订。如果你的过去一成不变，你就仍然身陷其中，没有进步，没有成长。

从"缺"思维转向"得"思维是一种**记忆策略**。你在**有意识地**记住自己的过去，不是基于你最初的情绪反应，而是基于你选择的身份认同和目标。你是为自身经历赋予意义的人。你是建构故事的人。

那么，如何反转自己的剧本呢？

再造记忆的要点是透过你自己选择的身份认同——你未来的自己——这面透镜来过滤自己的过去。进步后的你会如何看待这些事？这些事是如何让你成为今天的自己的？

过去经历的一切——更准确地说，那些经历并未过去，而是**正在经历**——都是有意义的，而不是遭遇。

拉塞尔·韦恩·贝克（Russell Wayne Baker）是美国著名记者和解说员，地位很高，并以自传荣获普利策奖（Pulitzer Prize）。出版商最初以"无趣"为由退回了他的自传。作为对稿件退回的回应，他告诉妻子："我现在要上楼发明我自己的人生故事了。"

结果，他的畅销书《成长》(*Growing Up*)赢得了普利策奖。

"再造"后的人生故事在真实性上并不亚于初稿——他只是找到了一种更吸引人、更有意义的讲述方式。

与你的一样，他的过去可以从无穷多个角度去审视。坏事可以被建构成教训；在学校无聊的一天可以被建构成一段有力的正面经历。

你选择强调或忽略的内容决定了故事的焦点和影响力。心理医生戈登·利文斯顿博士对此有言："我们每个人在讲述自身的历史时都有一定的自由。我们有拔高或贬低故事人物的力量。我们只需要从当下自我认知的需要出发去体会这两种不同的方式，然后明白我们有能力给自己的过去涂上或喜或悲的色彩。"

我成长于一个破碎的家庭，父母在我 11 岁时离婚了。离婚让父亲患上了重度抑郁症，最终染上毒瘾。我的整个少年时代动荡不安，差点没能高中毕业。我犯了无数次错误，面临着许多痛苦与混乱的情绪。

在人生的这段时期，我创造出各种意义来帮助我理解和应对自己的经历。其中一部分"意义"是爸爸辜负了我和我的两个弟弟。我的世界中的一切罪恶都要归咎于他——是他"造成"的。

我感觉自己是一切**遭遇**的彻头彻尾的受害者。我在高中毕业后差不多一年里基本无所事事，接着我决定改变自己的

第四章 改写你的故事：创造新的身份认同

人生。我已经受够每天打 15 个小时电子游戏的生活了。我一直想参与教会事工，但因为生活经历和我对这些经历的解读，我放弃了。

我改变人生的关键点是父子关系的再续。我读高中的时候，他无数次尝试联系我，我一直将他拒之门外。但为了继续前进、改变自己的人生，我知道我需要重新开始与他交谈。我们开始每周共进一次午餐。他鼓励我参与教会事工。

我重新与父亲说话、准备参加教会事工是大约十年前的事。在过去十年里，我完全成了一个新人。我学会用另一种方式看待自己的过去——关注"得"而非"缺"。与塔克·马克斯一样，我看待过去时越来越同情，而不是评判。我也用同情和理解来看待父母，而不再批判。

由"缺"转向"得"的一部分因素是**增进了解**。从教会工作回来后，我与父亲谈了好几次生活中的艰难时光。他已经洗心革面了，甚至当了几年戒毒康复师。

从父亲的视角了解我的少年时代，我感到了卑微。他自己也经历了重大的创伤。他不仅受到离婚的重创，孩子们也在他最需要的时候抛弃了他。我不是要为他的行为开脱。我是在选择**如何**回忆自己的经历。根据我当下的情境和视角，我选择从"得"而非"缺"的角度来建构自己的过去。

我的故事曾经讲述的是父亲辜负了我和弟弟。在教会工作期间，我的故事开始转变。作为一名传教士，我会这样讲述自己的过去：我已经原谅了父亲对我们所做的事，我已经把过去"抛在身后"了。

但"抛在身后"还不够。我的父亲从小就被收养。我现在是三个孩子的养父。帮助我的孩子渡过创伤让我重写了我父亲的故事。现在，我对父亲的看法有了越来越多的同情和理解。

父亲那些做法的意义和那段时期的整体情境在持续变化，让我少了些痛苦，但对我迄今为止的成长和将来的继续成长愈发重要。事实上，我现在想起和谈论那段时期已经不再痛苦了。那时的一切不再是遭遇，而是有意义的经历。

过去十年里，我见证了父亲了不起的洗心革面，他掌控好了自己，还成了我最好的朋友之一。他绝对是我心中的一位英雄。他克服磨难的过程真是让人大开眼界。所以，如果我现在讲述这一整段经历，我会用"惊叹"来形容父亲经历的磨难与蜕变。转化与收获要比死钻牛角尖、执着于多年前的往事有意义得多。

我的情绪修养越高，我受过去的影响就越小，我对过去意义的塑造能力就越强。

你也一样。

现在，你的任务是重塑对自身过往的叙事。第一步是从

"缺"思维转向"得"思维。下面来讲讲怎样做。

第一步：让过去的意义从"缺"转向"得"

我们来训练一下思维，从"缺"的模式转向"得"的模式。请你拿出日记本，回答下列问题：

> **● 自我检测**
>
> 过去十年里，你经历过哪些重大的"胜利"或"成长"？
>
> 作为一个人，你是否有过变化？
>
> 你对哪些负面经历释怀了？
>
> 过去几年里，你对自己和生活的看法是否有过改变？
>
> 过去90天里，你取得了哪些成就或有了哪些进步的迹象？请举出1~3项。

关注进步就会关注改变与成长，这会让你增强开始塑造未来身份认同时的想象力和自信心。坚持做下去，你就会训练自己的大脑和眼中只有成长的选择性注意力。你会形成正面的身份认同。

第二步：想出 1~3 段过去的负面经历

既然你已经从"得"的角度来看待自己的过去了，请想出你觉得对你的人生造成了负面影响的 1~3 段经历，把它们写在日记本上。

第三步：列出这 1~3 段经历的所有好处或者"得"

现在花时间来思考并列出这 1~3 段经历的所有好处、机会或教训。这些经历有着怎样的意义，而不再是遭遇？

第四步：让未来的你与过去的你进行一场对话

过去的你并未离开。他依然鲜活，与你如影随形，正如未来的你一样。然而，你带在身边的过去的自己很可能伤痕累累，支离破碎，对现在和未来的你造成了极大的约束。

是时候疗愈和改变过去的自己了。你要改变过去的意义，要放下一直带在身上的痛苦。过去的你要获得另一个身份认同。过去的你将被彻底治愈。

衡量自身经历带来的收获、看到自己取得的成就是一种有力的手段，能让你看到过去自己的长处而非短处。另一种有力的手段是展开一场过去的你和未来的你之间的对话。你可以在日记本上写下来，可以自己想象，也可以与心理医生交谈，用你喜欢的任何方式都可以。

第四章 改写你的故事：创造新的身份认同

首先，想象出理想的未来自己。他有无比的同情心、智慧和理解力。他经历过许多，创造出了你想要的自由与能力。你可以从在日记中回答下面几个问题着手：

> **自我检测**
>
> 未来的你会如何看待过去的你？
>
> 未来的你会对过去的你说什么？
>
> 如果未来的你和过去的你共度一个下午，他们会经历什么？
>
> 过去的你会如何看待未来的你？
>
> 受到未来的你亲切的宽慰时，过去的你会有什么感受？
>
> 对话过后，怀着同情放下往事、昂首前行的过去的你将会成为怎样的人？

第五步：改变对过去自己的认识

改写自身故事的同时，你会看到自己的全新可能。你不再是往事的受害者，而是成为自身经历的意义塑造者。过去是意义，是故事，你正在重建和设计自己的过去。

每次回顾都会改变过去。

当过去被疗愈、变得健康后，它就只是你可以利用的一个信息来源（不是情绪来源，当然除了你选择的正面情绪以外）。过去只是待加工的原材料，它具有完全的可塑性与灵活性。你可以从若干记忆片段中选取一些部分并选择丢弃一些部分，还可以决定如何加工它们。

每次提取一段记忆都会改变它。一段记忆被提取的次数越多，改变得也就越大。记忆就像传话游戏一样——你讲述或想象故事的次数越多，故事就会越走样。正如神经科学家唐娜·布里奇（Donna Bridge）博士所说，"记忆不只是回溯原始事件产生的印象——记忆可能会因为你先前的回想行为而变形……你对一件事的记忆可能会越来越不准确，以至于达到每次提取出来的记忆都完全错误的程度"。

随着未来的你与过去的你之间对话的进行，过去的你现在是什么样的人？

> **自我检测**
>
> 现在你身上带着的过去自己是什么样的人？
> 经过治愈和转化，过去的你如今有了怎样的不同？
> 你现在对过去的自己有什么感受？
> 别人问起你的过去时，你会讲述怎样的新故事？

第四章 改写你的故事：创造新的身份认同

向前迈进和改变记忆要有的放矢。不要在低沉或感觉不安全的时候回忆苦涩的往事，而要在你有安全感、快乐、轻松、你知道爱你的人在身边时，再有意识地探访自己的记忆。

布里奇博士做过一次研究，目的是检验参加者通过观察格子里的物件来回忆信息的能力。实验为期三天。第一天，参加者在格子的不同位置看到了180个各不相同的物件；第二天，格子里只有180个物件中的一部分，但全都被放在中央；第三天是测试，试卷上随机列出了大量物件，参加者要回忆这些物件是否在格子中以及第一天在格子中的位置。

结果表明，参加者回忆第二天出现的物件的准确率高于第二天没有出现的物件，但对位置的回忆都很不准确。参加者倾向于把物件放到第二天回忆时的错误位置上，而不是第一天的正确位置。

第二天的经历改变了他们对第一天经历的记忆。提取记忆就会改变记忆。布里奇解释道："我们的发现表明，第二天的错误记忆影响了参加者第三天对物件位置的回忆……提取记忆不是简单地强化最初的联系，相反，它改变了存储的记忆，强化了第二天回忆的位置。"

每次去看或审视任何一个事物都会改变它。物理学中的**观察者效应**表明，仅仅是观察某个现象都必然会改变它。例如，检查汽车胎压的行为本身就不可避免会至少导致少许气

173

体漏出，从而改变胎压。观察任何一个物体都会使其接触到光照，并将光线反射回来。变化一定会发生，哪怕只是微小的变化。

看待自己的过去就会改变它。看一次就会改变一次。每次看镜子里的自己，**你都会变化**。

卡迈勒·拉维坎特（Kamal Ravikant）是有策略地运用观察者效应的优秀范例。他每次照镜子时都会告诉自己："我爱你。"因为他患有抑郁症，所以他一开始很难相信这句话。但他每次这样做都在改变他自己，哪怕他自己没有察觉。

他有意识地重复做了几千次这样的观察，他的想法慢慢从抑郁轻生变成了纯粹的自爱。从镜子里看着他的那个人逐渐变了。现在，他拥有了建立在新的情绪基础之上的全新性格。他的整个故事都改变了——过去、现在和未来。

不管你过去发生过什么，不管你的经历多么特殊、多么可怕（或者美好），你都同样有能力塑造过去的自己和未来的自己。

我不是要贬低你的往事，也无意忽视过往经历对情绪的影响。

我想向你说明的是，你是自身过去的设计师，千真万确。与过去实际发生的事情相比，**你选择回忆过去的方式**更多得多地决定了你的过去。

第四章 改写你的故事：创造新的身份认同

> **自我检测**
>
> 你有怎样的故事？
>
> 你过去有哪些关键经历？
>
> 你从这些经历中得到了什么？
>
> 过去的你是一个怎样的人？
>
> 你对过去的自己有怎样的感受？
>
> 现在的你是一个怎样的人？
>
> 未来的你是一个怎样的人？

用未来视角塑造身份认同

我们所说的起点往往是终点。决定了终点就决定了起点。终点是我们起步的地方。

——T. S. 艾略特（T. S. Elliot）

纳特·兰伯特一直为体重所困扰——事实上，他全家人都是这样。无数次尝试节食减肥失败后，纳特认命了，他这辈子注定要超重和不健康了。他决心通过其他方面的成功来弥补。

但这对他很难,因为他看到父母都有极其严重的健康问题。超重为他们带来了各种疾病和限制。思及此处,纳特就开始想象自己的未来了:

如果我继续为体重困扰,我会有怎样的未来?70岁的我会是什么样?

按照他现在的故事和身份认同,他想象未来的自己会是一个完全不健康的人,不能做他热爱的事情,比如远足或环游世界。他还在思考自己的五个孩子和未来的孙子孙女。等到70岁的时候,他无法充分享受天伦之乐。如果他走父母的老路,他就会彻底超重,不能多走动,还会疾病缠身。

这番未来设想及其引发的痛苦情绪成了纳特改变的爆发点。他决心做出他能够做出的**一个决定**——一个对自身健康带来最大影响的决定——**余生**再也不碰精制糖。

如果他在余生中将不健康的糖分从食谱中清除,他就会看到自己的体重得到控制。他能看到70岁的自己身强体壮,能远行,也能与未来的孙子孙女玩耍。那是他真心想要的未来自己。

心中未来的自己给了纳特一个改变身份认同和行为的理由。通过做出这个决定,他再也不需要为体重而执迷紧张了。

在心理学中,"决策疲劳"(decision fatigue)指的是每次

第四章 改写你的故事：创造新的身份认同

遇到一个决定都衡量利弊，从而耗尽了自己的意志力和心理资源。

做出坚定的选择可以避免决策疲劳。以纳特为例，因为他已经决定终生戒糖，所以他不再需要在各种情况下决定要不要摄入糖分。决定已经做出，于是决策疲劳——权衡各个选项与潜在的结果——就不再成为问题了。

如果你没有**预先**做出明确的决定，那就是把决策过程推迟到了未来的某个被迫做出决断的时刻。

比如说，你的闹钟在早晨五点响了，如果你还没有下定起床的决心，那就注定要失败。你将自己置于**那个时刻**——躺在床上，又累又迷糊——做决策的境地中。你应该把闹钟放在房间的另一边，这样才能让你别无选择，不得不起床关闹铃。

未知**确实**对意志力有害，最终会让人受到环境的负面影响。你需要知道自己在给定状况下会做什么。你需要在抵达之前就做决定，否则就会逡巡摇摆。

决策疲劳的反面是坚定决策。据说篮球运动员中的传奇人物迈克尔·乔丹（Michael Jordan）说过一句话："我一旦做出决定就不会再去想它了。"

想一想肯吧，那个"从未"吸过烟的人。一旦他下定了不再吸烟的决心，没过多久他就**再也不想吸烟的事**了。烟瘾之所以存在，是因为还没有戒烟的决定，于是头脑就继续沉浸其中。

哈佛大学商学院的教授克莱顿·克里斯滕森说过："在 100% 的情况下坚持自己的原则要比在 98% 的情况下坚持来得容易。"

当你对某件事只有 98% 的坚持度时，**你就还没有真正下定决心**。于是，你需要在未来所处的每一个情况中做决策，权衡每一个实例，看它是否落在你允许的 2% 的例外中。在每一个情况中，你其实都不确定结果——也就是你的行为和决策——会怎样。

缺乏决断会导致身份认同模糊，无法成功。100% 坚持自己想要的东西才是成功之道。做出严肃的、有时艰难的决定，而不是拖到情况变坏了再做决定，才会有利于自信和进步。

纳特做出戒除精制糖的决定的那一刻，他的身份认同就整个地改变了。未来的新纳特——晚年身体健康，可以跟孙子孙女玩耍，可以旅行，也可以远足——正在塑造他当下的身份认同和选择。

要注意的一点是，"糖"本身未必是问题。问题在于纳特想象中的**有糖**未来与无糖未来的区别。如果他想象的未来里没有糖，他就会看到种种有糖未来里没有的可能性。

第四章 改写你的故事:创造新的身份认同

你可以也应该对自己这样做。想出人生中一件你不完全中意的东西,如果没有了它,你的未来会变成怎样?

这件"东西"——不管是糖、电子游戏,还是其他"恶习"或干扰——本身并非是"坏"的,而是未来少了它你会有别样的自己。

决定塑造未来。

未来塑造身份认同。

身份认同塑造选择,最终塑造性格。

通过做出过上100%无精制糖生活的决定,纳特想好了未来新的自己,于是开始特别注重健康。他开始阅读保健书籍。他研究了糖分的每一种副作用。他把与糖分相关的所有疾病都列了出来,比如痴呆。

为了贴合自己的决定,纳特主动改变了自己的身份认同。

他每天早晨都会说出积极的宣言:我是一个健康有活力的戒糖者。别人请他吃含糖或不健康的食品时,他总会回答"不了,谢谢,我戒糖",以此来肯定自己的身份认同。

纳特在之后的六个月里瘦了20多公斤,自信心剧增,对未来的设想也大大地敞开了。

纳特对自己和过去的叙事也改变了。他的故事焦点成了**他正要去哪里**,而不是他过去在哪里。纳特不是以前那个胖子了。相反,他成了他想成为的人,一个健康有活力的人。

179

现在轮到你了。

第一步：真诚地审视你现在让自己走向的未来

在想象你**想要**的未来自己之前，先花点时间诚实地思考你现在正让自己走向怎样的未来。请记住，纳特曾经自暴自弃，以为自己的未来会和父母一样局限。

直到他做出了那个重大决定后，他想要的未来自己才不仅变得有可能，更变得可信。

> ● 自我检测
>
> 你现在正让自己走向怎样的未来？
> 你觉得**那个**未来怎么样？
> 那是你真正想要的未来吗？
> 你认为自己能达到你一直梦寐以求的目标吗？

如果你诚实地在面前展开的未来没有让你心潮澎湃，那就有问题了。未来的你受到局限，现在的你也会因此受限。你的未来和目标建构了你的身份认同。因此，如果未来的自己受到局限，你当下的身份认同与行为同样达不到原本可以达到的高度。正如丹·沙利文所说，"未来越大，当下就越大"。

为了改善身份认同与行动举止，你需要一个新的未来的自己,一个与你有深切共鸣、让你兴奋不已的未来自己。它有着极强的使命感,你可以围绕它塑造当下的身份认同。

第二步:写自传

你需要制定超越当下能力的目标。你需要完全地漠视自身能力的极限。如果你认为自己没有能力进入全世界最好的公司,那就把它定为目标吧。如果你认为自己没有能力登上《时代》杂志的封面,那就为它而努力吧。实现你想要达到的目标。一切皆有可能。

——保罗·亚顿

你要写下自己的故事。请拿出日记本为自己写一部传记,仿佛你在叙述一个已经不在世的人的生平一样。

> **自我检测**
>
> 你有怎样的故事?
>
> 发生过哪些重大事件?
>
> 你会如何被记住?
>
> 你是如何度过一生的?
>
> 你取得了什么成就?

花点时间勾勒出自传的梗概,从出生一直写到现在,接着从现在写完余生。一年左右重写一部。你会注意到,随着你的变化与发展,你笔下的过去和未来也会随之变化和发展。这样的练习做得越多,你在讲述自己的故事时就会越有目的性和创造性。

你会越来越擅长创造和活出你想象的故事中的自己,因为你会活得更有使命感,你会更常有高峰体验。高峰体验会改变你的视角,增强你的信心,为你带来更灵活的身份认同。你的心态多一分灵活,你对待过去的自己和现在的自己就会少一分刻板。你能够想象出未来的自己,并很快对其感同身受。

第三步:想象三年后的自己

不要只在头脑里回答,写下来或者在文档中打出来,写成一份"愿景声明"或"未来自我陈述"要有力得多。你可以在文档中加入能反映未来的你和你未来的环境的励志图片,把它打印出来。下面举几个图片的例子。

- 你与你爱的家人的合影
- 你想效仿的健美人士的照片
- 你想拥有的环境的照片,比如漂亮的家

第四章 改写你的故事:创造新的身份认同

- 你想要效仿的精神榜样,比如基督或佛陀
- 你计划要做的事情的图片,比如马拉松长跑或出国旅行

文档的长短不限,但简洁凝练会比较好。

> **自我检测**
>
> 你想在三年后成为怎样的人?一定要具体。
>
> 你的收入会有多少?
>
> 你会有哪些朋友?
>
> 你会如何度过平常的一天?
>
> 你会穿什么类型的衣服?
>
> 你会留什么发型?
>
> 你会做什么类型的工作?
>
> 你会在什么样的环境中?
>
> 如果你之前不常设想未来,也许可以先想象 90 天后的自己。
>
> 90 天后你想成为怎样的人?
>
> 在那之前,你想做成什么事?
>
> 你想有怎样的变化?
>
> 你想为所处的环境带来怎样的变化?

第四步：向大家讲述你的新故事——未来的你

> 不要费力寻找你是谁。去探索你立志成为谁。
>
> ——罗伯特·布罗

大部分人的身份认同叙事都植根于过去。从现在起，你的身份认同叙事——你的"故事"——要以未来的自己为基础。从现在起，当别人问起你是谁，这就是你要讲述的故事。

音乐剧《汉密尔顿》(*Hamilton*)中的歌曲《心满意足》(*Satisfied*)表现了亚历山大·汉密尔顿（Alexander Hamilton）与斯凯勒（Schuyler）姐妹见面的那场宴会，最后他将其中一人娶回了家。汉密尔顿最先遇到的是安杰莉卡（Angelica）。她提出了一些常见的问题，关注点是地位和阶级。

"我叫安杰莉卡·斯凯勒。"

"亚历山大·汉密尔顿。"

"你家是哪里的名门？"

"这不重要。我还有一百万件未竟的事，你等着看，等着看吧……"

第四章 改写你的故事：创造新的身份认同

亚历山大没有传奇的过去。他没有异常优越的境遇。他不富裕，但他有梦想。他的叙事不是基于现在的自己或者过去做的事。他的身份认同叙事是基于他要做的事。

卡梅伦·赫罗尔德（Cameron Herold）是首席运营官联盟（the COO Alliance）的创始人，曾帮助上百家机构确立了他所说的"生动愿景"。赫罗尔德的建议是，愿景文档的长度要保持在三至五页之间，而且一旦写好就要**四处**宣扬。

如果你有一家公司，你就要让每一名团队成员都知道你的愿景（而不是你的性格类型）。你还要让所有客户和潜在客户知道你的愿景。

回到你的个人层面，将一份三至五页的文档打印出来会帮助你更全面地认识、更彻底地相信未来的自己。此外，你还要将你的"生动愿景"文档分享给你认识的每一个人。当你将自己的愿景和目标分享给他们时，他们也会让你对目标更加负责。

愿景要远远高于当下的现实。愿景要有激励作用；要带来动力和希望；要能让你延展和蜕变；要足够远大，远大到让你将来回首过去时会为自己来到的地方、成为的人而震惊。

"未来的自己"和"愿景"都要不断修订，并且应该成为**工作文档**。出于实用和策略方面的考虑，将愿景收缩到未来三年或三年以内会比较好。愿景应该专注这样一个核心目标：如果你达到了这个目标，未来的你和你想要的其他一切都会成为可能。

📎 本章结语

既然你已经重构了过去,畅想了理想中的未来,现在就该忙起来了。

是时候行动了。

为了巩固新的身份认同,你需要按照新的身份认同开始行动,而不能沿袭过去的自己。心理学里有一个名词——自我信号显示(self-signaling),指的是行动反过来指示我们自己是谁。我们是通过行动来评判、衡量自身的。如果你改变了自己的行为,身份认同也会随之开始变化。

当你开始按照未来的自己行动时,你最终会成为那个未来的自己。你的性格会根据目标自行调整,你会具有你想要的品格、特征和境遇。

为此,你必须让未来的自己成为日常行为的新标杆。你必须为了未来的自己忍痛割爱,对那些属于当下自我的机遇和选择说"不"。

未来的自己是你的新标杆。

比如,如果你是一名演说家,出场费是 5000 美元。现在,把出场费提高到 15000 美元,对方不付就拒绝掉。宁愿坚持新标准被拒绝,也不苟且于旧标准。

渐渐地,你的潜意识会逐渐鼓起勇气,成为你的新常态。最后,新标杆会被另一个更高的标杆取代——而且不只是金钱方面的标杆。有时,新标杆会横向拓展,而不是纵向上升。让未来的自己成为当下思维与行为模式的新标杆吧。

下一章会具体说明关于这一点你需要知道的内容。

第五章

提升潜意识：
控制潜在驱动力

要想成为未来的自己,你必须在内心深处的潜意识层面转化自己。空怀愿望和偶然的悟见是不够的。你必须投入行动,产生高峰体验,转变身份认同,创造出自己的新"常态"。

> 无意识中存放着我们所有的感受，不管社会或个人是否接受这一点。了解无意识是极其重要的，因为那其中发生的状况或许造就了那些驱动我们行为的性格特征。
>
> ——约翰·E. 萨诺（John E. Sarno）博士

1996年夏天，简·克里斯蒂安森（Jane Christiansen）第一次，也是唯一一次去滑水。36岁的简尽管身强体壮，但还是经验不足。一艘船靠了过来，激起了她的滑水板下的浪花，而她不想放弃。

还没等她反应过来，她已经被抛上天，右腿甩到了后脑勺上，样子狼狈极了。撞击水面时的她感受到了难忍的剧痛。她动弹不得，在别人的帮助下才从水里出来。她疼得如同瘫痪了一般。

她找医生看病时得知，她的90%腘绳肌与臀肌断开，几乎完全被撕开。医生告诉她，她再也不能跑步了。这是天大的打击，因为简是一名运动爱好者，几个月前才刚参加完一场马拉松比赛。尽管这是一剂苦药,但她还是谨遵医嘱,再也没有跑步。过早的认知定式扎根了。

简伤后恢复得很快,继续开始了之前健康活跃的正常生活方式——尽管少了跑步。她在逃避创伤,她关于跑步能力的固定型思维模式坚如磐石。

时间快进到 2011 年。简的丈夫意外失去了本来以为是铁饭碗的工作。他没有去找新工作,而是决定提前退休。这让简感到震惊和愤怒。她正忙着经营公司,不想看到丈夫成天待在高尔夫球场上。但她把情绪藏在了心里,因为她不想伤害丈夫的感情,也不想被别人当成怨妇。

于是,她把越来越多的怒气封了起来。

这时发生了一件乍看起来不怎么合理的事。她右侧腘绳肌又开始疼了,而且与 **15 年前**滑水意外时一样剧痛难忍。不仅如此,她的左脚也开始抽痛。没有来由,无法解释,来势汹汹。

这是怎么回事?

简去看了医生。医生的解释是她已经 50 多岁了,腿疼是**自然衰老过程**的一部分。医生诊断她患有肌腱炎和关节炎,简觉得不合理,但正如 15 年前那样,她接受了医生的诊断。

我猜我只是岁数大了——这就是简心中形成的叙事,它源于一个她接受的认知定式,最后变成了生理上的现实。

结果她疼得越来越厉害，身体越来越受限。2011年的爬山季，她一次都没去，尽管爬山是她最喜欢的消遣方式。腿疼也影响到了她的工作。

同时，她对丈夫的恼怒和失望也在悄然发酵，有时她甚至气得不能走路，但她从来没有将自己经历的痛苦告诉任何人。身为一家健身企业的老板，一个他人眼中正能量的健康榜样，她想要保持自己的形象。

她是一名完美主义者，从小时候起就是。她不想让任何人知道自己的难处。

时间快进到2014年。简出席了一次企业宣传大会。她在活动中结识了天才联盟（Genius Network）与天才恢复（Genius Recovery）两家公司的创始人乔·波利什（Joe Polish）。乔见简一瘸一拐地走过来，就问她是怎么回事。

"你怎么了？"他朝她的腿使了个眼色，问道。

简没当回事。"哦，没事，就是腿疼。"

"你说'腿疼'是什么意思？你受过伤还是怎么了？"

"是啊，我滑水出过意外，而且现在50多岁了。"

"意外是最近发生的吗？"

"不是，快20年前了。"

"等等，20年前出的事，你现在还觉得疼？"

"我猜是吧，我也不清楚。"简答道。

第五章 提升潜意识：控制潜在驱动力

接着，乔介绍简认识了自己的朋友史蒂文·奥扎尼奇（Steven Ozanich），一位研究情绪压抑与生理疼痛之间联系的专家。

几天后，简与史蒂文通了电话。他没有询问她的生理症状，也没有问她是否看过医生或做过相应的理疗。他只是问了几个关于她生活的问题。

"你结婚了吗？"

"结了。"

"你丈夫在做什么工作？"

"哎呀，他没工作。三年前失业了。"

"你对此是什么感觉？"

"确实不太好处理。"

"不，我是问你的**感觉**。"史蒂文逼问道。

简继续摸索着自己的情绪。"挺麻烦的。"

"不对，认真点。你丈夫失业这件事让你有什么感觉？"

"让我觉得难过。"

"只是难过？"

"我跟你说实话吧，我都气死了。"

"听起来你好像很愤怒。"

"是啊。我有时候愤怒极了。"

"你什么时候开始腿疼的？"

"大约三年前吧,就在我丈夫失业前后。"

"好了,事情是这样的,"史蒂文说,"腿疼与滑水受伤绝对没有关系,而是来自你对丈夫的情绪。你需要想办法表达自己的情绪。"

他们的第一次对话到这里基本结束了。他让她去读他写的《疼痛的大骗局》(*The Great Pain Deception*),等她读完再和她交谈。

简挂断电话后立刻买了书,但在收到书后并没有去读。尽管与史蒂文的对话有点意思,但她并没有产生共鸣。她无法接受自身问题的真正成因是被压抑的情绪。

几个月后,2015年2月,简收到了史蒂文发来的一封电子邮件:

"你好,简,你过得怎么样?"

"挺好的,但还是疼。你的书我还没读,但我保证会读的。"

简刚回复完邮件就从书架上取下了史蒂文的书,并在一周内读完了。读完的时候,两条腿的疼痛已经消退了90%。她兴奋地给史蒂文回了邮件,同时安排了一次通话。他解释说,她的疼痛是因为"知识疗法"(knowledge therapy)而消失的,知识疗法让她明白了身体疼痛和自身问题的真正原因。

第二次通话时,史蒂文问简过去几年里是怎么处理疼痛的,还问她最近过得怎么样。

她用遍了各种昂贵的疗法,甚至坐飞机到美国的另一端尝试实验性疗法。史蒂文让她把目前在用的疗法都停掉,针灸、按摩、脊椎矫正等都不要再做。

"统统停掉,"他告诉她,"它们会助长你以为这是生理问题的想法。正常生活就好。要是在锻炼时觉得疼,坚持就好。坚持下去,好像你根本不疼一样。除了把理疗都停掉以外,你需要开始表达自己的情绪了。"

从那一刻起,简做了四重转变:

1. 她马上停掉了已经花了上万美元的所有理疗。
2. 她开始写她称作的"发火日志",表达自己的挫败感和愤怒。
3. 她开始与丈夫聊自己的感受。
4. **她又开始跑步了。**

这四个行为变化完全改变了简的生活。她意识到要想不疼,她就需要在情绪发生时表达出来,再也不能当闷葫芦、压抑自己的情绪了。重新跑步也树立了她的自信心。

时间快进到 2019 年。简 58 岁了，但她比滑水意外之后的任何时候都更加活跃、更加健康。她的腿已经四年多没疼过了。她看起来一年比一年年轻，身边的人都觉得震惊。她在亲自执教的健身课上不断推进运动极限，容光焕发。

简对自己的过去多了很多的认识。她不再苛责丈夫，同时发现自己在多年婚姻生活中也制造过紧张。在她眼中，她会活到很大的年纪，完全健康，毫无疼痛。她还会与丈夫共度幸福的余生，而她在意志消沉的几年里曾经不太确定能不能与丈夫白头到老。

简不再坚守完美主义，不再固守情绪，她的心态更加灵活了。她曾经会对家里任何不整洁的地方感到恼怒。现在，她在私人关系中多了几分灵活。

"有些事真的不要紧，比如被子没叠好。"

尽管她在工作中保持着高标准，但她甚至意识到自己在公司也更开放了，她开始允许员工发挥自己的聪明才智，而不一定非要按照她的方法做事。

简现在对自己的情绪多了很多感知。当她注意到自己要发火，或者因为工作压力和人际关系问题而感到紧张焦虑时，她会马上给自己空间，拿出日志来处理自己的想法。她走到哪里都会带着"发火日志"。

在表达自己的想法和对别人的感受之前，她会先在日志里消化整理。这样做会让沟通更清晰，而且会更多基于她选择的衍生情绪，而非最初的反应或状态。在日志和自我感知的帮助下，她会避免在情绪紧张的情况下形成过早的认知定式。她会与未来的自己和想要创造的生活重新建立联系。

她已经学会了传达自己的需求。她为自我和自己的人际关系设定了更优的边界。她不再努力取悦别人。她的情绪更成熟了，心态更灵活了，于是她的性格也发生了变化。她少了一些死板，不那么沉溺于过去了。她与当下、与他人的关系更紧密了，而且她在朝向未来的自己努力。

简的故事是她自己的，也是许多人的。人们会出于各种不同的原因感到疼痛。尽管我没有资格也无意给出医疗建议，但正在因为深层心理创伤而常年忍受生理疼痛的人的数量是惊人的。

本章接下来会讲解大量科学发现，并探究情绪、潜意识与身体之间的关系。有一点很重要，要牢记在心：科学描述的是人群整体趋势，但每个人的情况都是特殊的，所以读者不应该将下面的内容视为医疗建议。

记忆是物理性的，身体是情绪性的

虽然我们常常认为记忆是抽象的心理活动，但记忆其实是**物理性的生理活动**。你的身体就是你的过去的证据——是之前发生的所有事的具身性记忆，或者说，就是贝塞尔·范德考克著作的名字《身体从未忘记》(*The Body Keeps the Score*)所说的。

生活经历会变成生理构造。这些经历是存储在身体特定部位的记忆。就简而言，她的滑水创伤创造的记忆存储在腿上。正如加州大学洛杉矶分校社会基因组中心实验室（the UCLA Social Genomics Core Laboratory）主任史蒂文·科尔（Steven Cole）博士所说，"细胞是将经历转化为生理的机器"。

简的故事凸显了情绪与身体之间的根本关系。尽管医学专家很少会建立这样的关联，但两者其实是一体的。

情绪将身体、记忆和身份认同黏合在一起。

我们倾向于认为情绪与记忆一样，是只存在于心智中的抽象事物。不是的。**情绪是物理性的**。

这一点值得重复。情绪和记忆在身体上具有物理的标记。根据分子生物学家和神经科学家坎迪斯·珀特（Candice Pert）博士的说法，人体全身每个细胞的表面都排列着"受体"，受体通过神经肽接收信息，神经肽是负责在大脑和身体内传递信息的蛋白质小分子。珀特博士将神经肽称作"情绪分子",认为它们在大脑和全身各处传递存储的信息就是**情绪**。

换言之,在大脑和全身各处传递的信息本质上属于情绪。这些信息——情绪的内容——进而会**变成身体**。

经历不仅会转变视角与身份认同,还会变成我们的身体本身。

这为什么重要呢?因为我们需要重构看待身体的方式,**并将它视为一个情绪系统**。情绪是化学物质,我们的身体会熟悉或习惯这些化学物质。以多巴胺为例。你的身体习惯了一定量的多巴胺,当体内多巴胺水平低下时,身体实际上就**需要**更多这种化学物质。于是,你的手会无意识地伸向手机,你会经历一个之前重复过无数次的潜意识循环。

我们会发现自己总是在做这种事。

我们因为习惯或成瘾在做各种事情。我们下意识地做出重复行为的原因是身体已经对我们的行为创造的情绪上瘾了。情绪是一种在体内各处传递和分泌的化学物质,目的是重建身体的稳态。

所以,戒瘾才这么难。瘾不仅仅是精神障碍,而且是物理性的。要想改变自己的瘾,你着实需要改变自己的生理状况。你需要一个有新的身份认同、新的故事、新的环境和新的身体的未来自己。

你对什么化学物质上了瘾？

你的身体喜欢哪种情绪并不断复制它？

许多人对皮质醇——压力上瘾。他们感觉不到压力就会不安，然后去做会为生活带来更多压力的事情。

盖伊·亨德里克斯（Gay Hendricks）博士在《大飞跃》（*The Big Leap*）一书中解释道，人们在踏上改变自己的路途时会潜意识地破坏自己的努力，目的是回到已经习惯的水平："每个人体内都有一个恒温器，它决定了我们允许自己拥有多少爱、成功和创造力。当我们超出设定温度时，我们往往就会做出某些自毁行为，以便落回到先前熟悉的安全地带。"

亨德里克斯博士将这一现象称作"上限问题"。当你开始提升自己时，你下意识里会努力回到舒适区。这是情绪在作祟。

如果你不习惯一直心情好，那么当你开始允许自己心情好时，你潜意识里就会变得不安。潜意识想要负面情绪，因为你的身体实际上是由负面化学物质构成的。

我在自己的生活里见过这种事发生。事实上，我在写这本书的时候就有过，而且相当严重。过去几年里，我在教育、经济、人脉、家庭和整体幸福感方面都有了巨大的飞跃。但过去一年里,我几乎把一切都扔掉了。

我注意到,我潜意识里试图把我生活里的一切美好都毁掉。我对咖啡因、旅行和困惑成瘾,不能动笔写作,把大量时间浪费在看网络视频上。我很难鼓起斗志。

我看着自己开始陷入麻烦,于是明白了正在发生的事情。我一注意到自毁行为,就知道自己需要寻求帮助了。我开始告诉妻子和其他人我正在螺旋式下坠。我们开始治疗,制定新的目标,还对家庭和作息做出了重大调整。

我重新创造了未来的自己。我把视野再次打开。如果没有清晰的愿景推动我们前进,生活就只能靠每天产生的那点意志力了。我需要的是一个引导身份认同与行为的目标。我需要一个靶子。

我把未来的自己当作过滤器,在生活中设定更牢固的边界。这其中包括与我深深关切的人进行艰难的谈话,告诉他们我需要重新调整我们的关系,把我的优先事项——比如信仰、家庭和健康——再次摆到桌面上来。大多数人都表示尊重和支持,即便有点沮丧,比如有人需要因此调整工作计划,或者我取消了安排好的演讲,这让我感到有些惭愧。

这些谈话、行为和有目的的调整都有提升潜意识的作用——让我从根本上,而不只是从观念上靠近未来的自己。这是深度的工作,而深度工作是涉及情绪的。

如果你不改变潜意识，改变性格就会很难；而果你改变了潜意识，性格就会自然而然地改变。

要想生活发生有力的变化，你就需要在潜意识层面做出改变，否则变化不会持久。比如说，你可以试着逼自己积极，但如果你的潜意识或者身体习惯了负面情绪状态，自然就会把你拖回到能够复制负面情绪的行为上。意志力对戒瘾是无用的，至少效果不大或者不可预测。

身体追求稳态的手段是将你引向能够复制身体熟悉的情绪氛围的行为与体验——而未必是对你最有益的行为。

人是情绪动物。身体是"潜意识心智"，而改变潜意识的唯一方法就是改变造就了你的情绪框架。

有一段时间里，简习惯于生气、暴怒。她对这些情绪成瘾了。她的生活进入了重复制造这些情绪的模式，哪怕她意识里努力想要变得积极。于是，这些情绪成了她的生理状况，表象就是腿疼。

前纽约大学（New York University）康复医学教授和主治医师约翰·E.萨诺博士主张，背痛等生理疼痛"（的）存在只是为了将人的注意力从情绪上转开……没有什么能比一点小疼痛更能让你不去想自己的情绪问题了"。萨诺博士解释说，这是身体的一种生存机制，因为身体上的疼痛要比情绪上的疼痛好很多。

在许多情况下，生理疼痛的起因根本不是"身体"，而是**情绪**。一旦接受了自己有被压抑的情绪，并学会表达和重构情绪，人就不会再将疼痛误认为是生理状况了。史蒂文·奥扎尼奇在《疼痛的大骗局》中对此有过论述："疼痛和其他长期症状是未解决的内心冲突在身体上的表现。症状是作为本能的自存机制出现的。症状是内心发出的信号，它想要被倾听，但自我（ego）占据了舞台中央，将真相掩盖在无意识心智的阴影，也就是身体之下。"

潜意识改变时，性格也会改变。性格只是情绪状况的副产物或反映。如果你一直有被压抑的情绪，你就会形成一种性格去应对或回避情绪。

未经转化的创伤（及其创造的固定型思维模式）会妨碍你的想象力。于是，未来的自己和使命或者压根不存在，或者极其受限。你成为的自己远远不如你原本能达到的程度。你的行为和所处的境遇都是为了制造情绪，麻痹你正在压抑的痛。

这不是你想做的，这不是你想成为的。请反躬自省片刻。

> **自我检测**
>
> 你为什么成了现在的你?
>
> 你成为现在的自己是出于选择,还是出于对生活经历的反应?
>
> 如果你成了真正想成为的那个人,会发生什么?
>
> 如果你让自己更经常地感觉良好,会发生什么?
>
> 如果你不再回避疼痛,会发生什么?

提升潜意识方法一:断食

休息和断食是最好的药。

——本杰明·富兰克林(Benjamin Franklin)

晚上六点以后断食是提升潜意识最有力的手段之一。既然身体就是潜意识,那么当你有目的地不让自己吃东西时,你就在真正重新设定自己的身体,让身体可以休息和恢复,而不是消化食物。

研究发现,断食可以迅速减少对尼古丁、酒精、咖啡因和其他成瘾物质的欲望。断食还会提高儿茶酚胺类物质——比如多巴胺——的水平,此类物质能提升幸福感和自信心,

第五章　提升潜意识：控制潜在驱动力

同时减轻焦虑。而且，断食会真正地增加脑细胞的数量。

断食能延长寿命。研究发现，断食可以缓解与年龄相关的认知能力和运动能力（比如身体平衡性）的衰退。断食还会减少引发衰老、认知衰退和慢性病的认知压力源。

还有研究发现断食能改善总体睡眠质量。断食还能提升专注力、学习能力、记忆力和信息理解力。耶鲁大学的一项研究发现，空腹有助于思考和专注。因此，许多人会为了专注创作而有意识地不吃早饭，比如马尔科姆·格拉德威尔（Malcolm Gladwell）。

有许多书讲过断食的好处。但就提升潜意识而言，其重点在于断食可以提升自信心、情绪灵活性和自控力。断食是一种身体和情绪的**修炼**，让你与更深层的自己连通。

我自己坚持断食有将近 15 年了。一般来说，我每个月会有一到两次 24 小时不摄入任何饮食，也会一时兴起地断食。断食修炼不仅提高了我的灵性和决策能力，也提升了我的思维清晰度和专注力。

在身体允许的情况下，定期断食对明确和成为未来的自己大有裨益。断食期间，你的头脑会更清晰，与直觉联系更紧密。你能够看见和决定自己想要成为的人。当你正要做出任何重大决定的时候，考虑用断食法来想清楚自己的决定吧。从灵修角度看，断食与祈祷是相辅相成的。除了帮助你走出困住自己的过去以外，两者还极有利于想清楚你要做的事情。

断食的方法有很多。16~20个小时不吃东西、不喝含糖饮料对身心疗养与身心沟通都大有好处。另外，远离科技产品，尤其是断网24小时或更长时间对自我沟通和头脑清晰也有奇效。

你可以每周断食、断网一次。如果你这样做了，你会为自己得到的清晰思维和自信心而震惊。带着具体的目的和意图，会增强戒断体验的力量。不管什么事，有意识地做总比无意识地做更好，而且会打开通往高峰体验的可能性。我本人可以作证：我在断食期间曾多次产生灵感，而这些灵感恰好是我做出人生重大决策或改变所需要的。假如我没有给自己隔绝食物和互联网的空间，我就不可能达到头脑明晰的状态。我的生活不会是现在的样子。

提升潜意识方法二：定期做慈善

你一定要感觉自己值得美好，否则你的潜意识可能会让你的努力毁于一旦。如果你不是真正觉得自己赚大钱是应得的，那么你就在与一个几乎不可逾越的障碍——潜意识——做斗争。经常拿出一部分收入捐给慈善机构是一种

第五章 提升潜意识：控制潜在驱动力

治本的好办法，说服你的潜意识，让它相信你的前途是你应得的。这样一来，潜意识不仅不会搞破坏，反而会积极帮助你进取。

——丹尼尔·拉平（Daniel Lapin）

采用功能性磁共振成像术（fMRI）的研究表明，慈善捐赠与幸福感存在关联。另外有研究支持一种观点，即礼物赠送或慈善捐赠等经济利他行为与幸福感存在关联。研究还发现幸福感与成就有关联。因此，做让你感到幸福的事显然是值得的。

幸福感固然是好的，但捐款可以也确实会对你的潜意识带来有形的强大影响。捐款会向你自己发出一个强烈的信号：你是乐于助人的人。捐款行为能提升你的潜意识。你可以也应该将其用作一种开拓身份认同的工具。比如，乔治·坎农（George Cannon）的故事尽管是关于宗教的，但也凸显了慈善捐赠会如何转化身份认同和爱的能力。

乔治·坎农是基督徒。基督教教义鼓励他捐什一税——在《圣经》中讲过多次的概念——10%的收入。但身为一个没多少钱的年轻人，乔治交什一税的方法与传统做法大相径庭，转化力也强大得多。

他交什一税不往后看——把赚到手的钱捐出10%，而是上交他未来想要达到的收入的 10%。温迪·沃森·纳尔逊（Wendy Watson Nelson）博士解释道："当主教说穷小伙乔治交的钱太多了时，乔治说了这样的话：'主教啊，我不是按照现有的收入交的，而是按照我想要达到的收入交的。'第二年，乔治就达到了与前一年交上去的什一税税额对应的收入！"

乔治不是从交易的角度看待什一税，**而是从转化的角度**。他不认为捐什一税是花费，而认为是在为未来自己以及自己与神的关系投资。

乔治的做法提升了他的潜意识。他看见了未来的自己，并按照未来的自己行动，而非当下或过去的自己。他是从自己未来的境遇出发去做事——好像未来已经成真了似的——而不是从现有的境遇出发。

他投入的金钱成了驱动力。他将自己置于这样一种经济和心理——乃至灵性——境地：他不仅在信念的激励下行事，更不得不如此。他付出了自己想要的收入的 10%。做出这项投资时，他就会从一个收入达到自己上交税额 10 倍的人的高度去祈祷和行动。

因此，乔治很快成了那个人。

我最早听到这个故事是在 2017 年 1 月。从那以后，我一直以一种更积极的态度对待慈善。我的收入有了显著增长，但不只收入在增加，我的身份认同和自信心也发生了变化。我相信自己学习和成长的能力增强了。我比以前灵活很多。我越来越相信自己的道路行得通。我更愿意勇敢一跃了。

在合理的情况下，我也会抓住机会帮助有需要的人。不久前我打了一辆优步（Uber）网约车，司机是一位50岁出头、家里有四个孩子的单身妈妈。为了供孩子上大学，她每周工作60多个小时。她想完成自己的学位学习，但总是因为要应付账单而陷入停顿。我决定替她付一份几百美元的账单。对她来说，这意味着她可以比预期提前一年回去上学了。

她的眼泪夺眶而出。她不敢相信。这份礼物对她的影响让我感到惊讶。我既感到惭愧，又想继续挣更多的钱，这样才能帮助更多人。就这样，这件事拓宽了我的潜意识和未来的自己。

你也应该将慈善捐款作为一种提升潜意识的手段。你付出的越多，你付出的能力就会越大。正如马克·维克托·汉森（Mark Victor Hansen）和罗伯特·艾伦（Robert Allen）所说，"付出会滋养灵性，扩大我们自身、我们的思维、我们的成就……大海无量，你可以向大海里注入一勺水、一桶水、一车水。大海不会在意"。

📎 本章结语

要想成为未来的自己,你必须在内心深处的潜意识层面转化自己。空怀愿望和偶然的悟见是不够的。你必须投入行动,产生高峰体验,转变身份认同,创造出自己的新"常态"。断食和捐款只是众多潜意识提升行为中的两种。

不要让过去的所作所为定义自己,你可以也应该被你未来的行为定义。不要被过去的经历定义,你可以也应该被你未来会创造出的高峰体验定义——高峰体验会让你从现在的自己变成你想要成为的人。

第六章

重塑环境：
让所在环境
与你的目标一致

不要让环境和境遇反映你的身份认同，而要设计自己的环境，让它反映未来的你。要让环境成为一道水流，推着你前进，而不是把你往后冲。

> 如果我改变了环境,细胞的命运就会被改变。我一开始用的是同样的肌肉前体细胞,但把环境改变了,它们就开始形成骨细胞。如果我进一步改变环境,它们就会变成脂肪细胞。这些实验的结果非常激动人心,因为尽管每一个细胞都有着同样的基因,但细胞的命运取决于我将其置于何种环境。
>
> ——布鲁斯·利普顿(Bruce Lipton)博士

1979年,哈佛大学心理学家埃伦·兰格博士和一批研究生按照1959年——也就是往前推20年——的样子装修了一座建筑。里面有一台黑白电视机、旧家具,四处还摆着20世纪50年代的书刊。在接下来的五天里,八位七八十岁的老人将入住楼内。

老人抵达实验楼时,研究人员让他们不仅要谈论过去的时代,**行为举止**也要仿照20年前的自己。

"我们有理由相信,如果你们做到了,你们就会感觉回到了1959年。"兰格告诉他们。

从那一刻起,研究人员就像对待50多岁,而非70多岁的人那样对待被试。尽管有几个人驼着背,要用手杖才能走

第六章 重塑环境：让所在环境与你的目标一致

路，但没有人帮他们往楼上拎行李。

"实在不行的话，一件一件往上拿吧。"研究助理告诉他们。

他们整天听广播、看电影、聊体育和其他50年代的"新闻"。他们不能提起任何1959年之后发生的事，说起自己、家人和工作时也要按照1959年去讲。

这项研究的目标不是为了让老人活在过去，而是激发他们的身心能量，让他们表现出年轻得多的人的活力与反应。

情况如何？

简而言之，他们变**年轻**了。

他们真的变高了。他们的听力、视力、记忆力、敏捷性和胃口都有显著改善。他们的体重也增加了，这对老人可是好事。

他们来时挂着拐杖，需要儿女帮忙，走时却能自己下楼了，而且还是自己提箱子。

兰格和学生们期望老人自力更生，摆脱"老人"的身份，从而赋予了他们"用另一种视角看待自己的机会"，这些又进而**影响到了他们的机体**。

情境塑造角色：角色塑造身份认同与机体

你对待他人的方式会影响他们的自我认知。自我认知会影响心态与情绪，没错，但自我认知也会影响机体。这一事实有着极为重要的意义。化用歌德（Goethe）的一句话，"你把孩子看成什么人，你就会把他当作什么人对待；你把他当作什么人对待，他就会变成什么人"。

身为人类，我们通常会成为社会环境的默认角色。要摆脱被期待的社会或文化角色就需要极大的意志和决心。

七八十岁的人大概不会被期待自己拿行李。他们的想法已经有多年无人在意了。他们可能已经忘掉了自己更强健、更年轻、更自信时的生活是什么样。但进入一个新环境，然后扮演新环境中的角色让他们发生了转变。

进入新环境、结交新人并担任新角色是改变性格最快的方式之一，不管是变好还是变坏。彻底融入你的角色，你就会从外而内地改变。

通过这一点，我希望我已经说服你相信性格是动态和不断变化的，很大程度上基于你的角色和处境。

"性格"（personality）一词源于拉丁语单词"persona"。在古代，"persona"指的是演员在舞台上戴的面具或者演员扮演的人物。当你换上另一副面具或者扮演另一个人物时，

第六章 重塑环境：让所在环境与你的目标一致

你就呈现出了另一个"persona"。正如威廉·莎士比亚所说，"世界是一个大舞台，男男女女只是演员：有退场，也有上场；一个人要同时扮演许多个角色"。

请你想一想：你总是同一个人吗？

这看起来是个奇怪的问题，因为你内心一直觉得"我就是我"，不是吗？

或者说，你会一直觉得"我就是我"吗？

你**果真**觉得自己在所有情况下都是同一个人吗？当然不是。在某些情况下，你可能感到厌倦、难堪或害羞。到了另一些情况下，你又站在了世界之巅。不同情况下呈现出的"你"是大不相同的。

如果你家遭到抢劫，你就会和乘坐飞机或者参加摇滚演唱会时不一样。和某些人，比如高中好友在一起时，你可能会表现出多一分年轻、少一分成熟的自己。你有时偏内向，有时又偏外向。

但有意思的地方是，随着年纪渐长，人往往不再接触新情况、新体验和新环境了。换句话说，性格之所以越来越前后一致，是因为人不再将自己置于新情境中了。事实上，哲学家兼心理学家威廉·詹姆斯（William James）相信，一个人的性格30岁之前基本就完全成形和固定了，因为人30岁之后的生活通常就相当规律和可预测了。

性格修正

尽管文化环境日新月异，但还是有一些相似点。人到30多岁时，"初体验"就不如以前多了。童年、少年乃至青年时代都有许多初体验：初吻、初次开车、初入职场、初次经历重大挫折、初次移居到另一座城市。但到了某个时候，我们就"安定"下来了。我们不再选择能够将新的另一面的自己激发出来的新角色和新环境。

因为在社会角色和环境方面的生活都变得高度规律，所以行为和态度就开始很容易预料到。这是人们认为性格会随着时间逐渐稳定、变得可预测的关键原因之一。不是你的性格本身变得稳定了，而是你的日常环境和社会角色将你锁在了习惯的模式中。

> **自我检测**
>
> 你上一次的初体验是什么时候？
> 你上一次做出不可预料的事是什么时候？
> 你上一次将自己置入新环境或新角色是什么时候？
> 你的衣柜里有没有放了五年以上的衣服？

斯坦福大学心理学家李·罗斯（Lee Ross）认为："日常生活的一成不变是因为环境的力量。"罗斯进一步解释说，人之所以表现出前后一致的样子，根本上不是由人决定的，

第六章 重塑环境：让所在环境与你的目标一致

而是由环境决定的。"人是可预测的，没错……但人之所以可预测，是因为人处于环境之中，人的行为受到环境、角色、人际关系的约束。"

关于大五人格——开放性、尽责性、外向性、宜人性、情绪稳定性——的研究表明，人的年纪越大，对新经验的开放性就越低。他们身边不再有新类型的人。他们不再担任新角色、进入新环境、迎接新挑战、经历新情绪。

人变老的速度太快了。

一个人的心态越死板，就越会将自己视为**在所有情况下都一样的人**，甚至会努力成为那样的人。这种狭隘的视角让人无法意识到：在不同的情况下，你不仅应该成为另一个人，更会**忍不住**成为另一个人。

在西方人看来，这可能没什么道理。西方人通常具有被称为是"原子主义"的世界观——假设事物（或者人）可以脱离情境去认识。这种观点的本质是将事物从情境中剥离抽取出来，然后试图用"内在"特质来解释事物。

正是因为这种原子主义的世界观，我们的文化才会执迷于"习惯"和"恶习"之类的个体特征，我们才会将性格视为是固定不变的，我们才会热衷于性格测试。

更准确、更科学的看法是将世界视为"联系"。从**联系性的世界观**出发，任何事物都不能脱离情境去理解。事实上，**决定事物意义**的是情境或者说"事物之间的联系"。

如果一个你爱的人即将离你而去，那么你失去的不只是那个人，更是**与他相处时的那个你**。一切失去都是失去自我。反过来看，遇见新人或进入新的关系会创造出新的自我。

我与妻子劳伦的关系造就了我们彼此。我眼中的劳伦与别人眼中的她大不相同。情境变了，劳伦就变了。

同理，也只有在情境中，你才能被理解。假如你成长于另一个时间和另一个地方，**你就会是另一个人**，你会有不同的记忆、关系和信念。如果你生活在两千年前的另一个文化中，你就不会手机成瘾。你感兴趣的衣服、人、娱乐和目标都会不同。

你的性格是由你的环境塑造的，这无可否认。文化之所以常常被忽视，是因为它似乎看不见摸不着，但它确实塑造着身份认同、行为、关系和性格。如果你发现自己处于一成不变的环境和社会角色中，那么你的性格就会逐渐稳定和一致。

举个例子：大量研究表明，同侪对个人行为和选择的影响非常大。具体来说，研究表明同侪和社交群体会影响：

- 学习成绩
- 大学和专业选择
- 工作业绩

第六章 重塑环境：让所在环境与你的目标一致

- 在学校和其他领域是否会作弊
- 是否参加课外活动和做分外之事
- 是否做危险的事，比如抽烟、服用有害药物、饮酒
- 参与犯罪行为的可能性
- 财务方面的决策和最终成果
- 成为企业家的机会

你的同侪和社交群体塑造了你的身份认同、你对自己的看法、你要成为的人。你参与符合所属群体文化的行为。你在同侪群体内形成了一定的角色和身份认同。同侪群体塑造了你做出的选择、你设定的目标、你人生的好坏。

我和劳拉谈恋爱时，我们跟我的一群高中老同学相处过一段时间。她看到了我的另一面——她以前不知道，而且坦白说也不喜欢的一面。说真的，劳拉永远不会与高中的我做朋友，更不用说谈恋爱了。

与老朋友在一起时，我立即回到了高中时表现出的身份认同、举止乃至谈吐。一瞬间，劳伦看着我从与她约会的本变成了高中时代的本。这都是因为情境和角色的迅速变化。

那天开车回家的路上，劳伦告诉我她不喜欢刚才看到的那个本。她被惊呆了。我们都明白过去的我和现在的我是完全不同的两个人，但在适当的情境和角色中，过去的我会很

快卷土重来。我告诉她我致力于未来,而不是过去。

毫无意外,研究发现环境因素对性格测试得分有很大的影响。大五人格模型是在欧美文化中发展出来的,放到其他文化中未必效果相同。来自不同文化的人有不同的性格观,因此对测试会有不同的反应。

此外,研究还发现做性格测试的具体条件也会影响测试结果。在一份研究中,参与者在不同时间两次做了同一份心理测试。一半测试者两次的发卷人相同,另一半的发卷人不同。据研究团队成员、心理学家克里斯托弗·索托博士称:"最让我吃惊的事情是,如果测试者两次的试卷是由同一个人发的,那么在两次测试中的回答基本一致……但如果是不同的人发的,那么两次的回答常常毫无关联。"

你的自我认知和行为方式是基于你的环境的。

本章目的是帮助你更有策略地对待自己的环境。除非你严肃地、有意识地对待自己的情境,否则就永远不能成为你想成为的人。

尽管人们往往只是环境的产物,但你必须学会让自己的环境符合你想要的结果。这样一来,性格自然会随之而动。

具体来说,本章会教你三条环境设计的基本策略:

1. 记忆策略
2. 忽视策略
3. 约束情形

记忆策略：针对目标，进行选择性记忆

想一想美国艺术家詹姆斯·阿博特·麦克尼尔·惠斯勒（James Abbott McNeil Whistler）的隐秘故事吧。他画过一小束玫瑰花，深受当时许多画家和收藏家的青睐。见过这幅作品的其他画家既产生了灵感，也不免心生嫉妒。惠斯勒仿佛是受到神启才作出了这幅画。

收藏家纷纷求购，但惠斯勒拒绝卖掉自己最优秀的作品。相反，他总是把它放在身边，**一直提醒着**自己有画出如此佳作的可能。他曾有言：

> 每当我自觉手生的时候，每当我怀疑自己能力的时候，我都会看着那幅小小的玫瑰图，然后对自己说："惠斯勒，这是你画的。你的手将它绘成。你的想象力构思出它的色彩。你的技艺让玫瑰呈现在画布上。"我知道当初我做成了，现在还能再做成。

惠斯勒有策略地对待自己的环境，对待他想要的感受，对待他想要的记忆。这幅放在工作台旁边的画一直提醒着他想要画怎样的作品。它激励他从另一个视角看待自己。在他消沉受挫时，它鼓舞了他的精神。

你也需要像惠斯勒一样有策略地对待自己的记忆。你需要一个不断提醒你、让你牢记未来自己的环境。如果环境没有不断让你想到未来的你，那么它激发出来的就会是另一个你。

尽管我们有时会牢记沉重的创伤几年乃至几十年，但人大部分情况下**特别健忘**。我们会忘记把车停在了哪里。我们会忘记之前答应早晨带孩子去吃甜甜圈。

我们会忘记自己真正想要的事物。生活忙忙碌碌，有时我们会为了付清账单而疲于奔命。梅雷迪斯·威尔逊（Meredith Wilson）在百老汇热演剧目《音乐人》（*The Music Man*）中写道："你囤积了太多明天，结果发现自己只有无数个空虚的昨天。"

根据记忆策略来设计自身环境的人不止詹姆斯·惠斯勒一个。作家兼播主蒂姆·费里斯（Tim Ferriss）的书架上摆着一本封面朝前的《大思想的神奇》（*The Magic of Thinking Big*）。蒂姆在性格形成期读到了这本书，它改变了他的人生。于是，这本书如今正在激发他往大了想、往大了"玩"。他只要看一眼封面，心态、情绪和身份认同就会马上为之转变。

纪念品也可以起警示或提醒的作用，让你牢记重要的事。作家瑞安·霍利迪（Ryan Holiday）口袋里装着一枚硬币，上面刻着 Memento Mori，翻译过来是"记住你终将死去"。霍利迪把硬币带在身上是为了记住自己终有死期，从而专注于要紧事，不分心。

为了有策略地记住和活出最想要的自己，我最近买了一面由企业文化设计公司 Gapingvoid 制作的"文化墙"。文化墙采用网格布局，有 12 或更多个格子，每个格子里写着一条你最重要的信念或愿望，并配有一幅画。文化墙是发挥着"思想祭坛"作用的浸没式符号。

我的文化墙放在家里，上面有很多我的最高理想，我不仅希望能一直提醒我自己，更希望能提醒我的孩子们。孩子们每天会看到文化墙好几次，看着他们复述墙上的话挺有意思。我会听到他们说这样的话：

"但行好事，莫问前程。"

"多产好过完美。"

"人生好与坏，就看八点前。"

"100% 比 98% 更容易。"

"开放期待，切莫执着。"

"智慧的尺度是改变的能力。"

"体会愿望实现的感受。"

"确定的人生没有自由。"

"缘木求鱼不可取。"

"不要停留在任何过去。"

"拥抱未来,改变过去。"

"感恩改变世界。"

"秀木不易成,易成非秀木。"

"舟不沉,业不成。"

我想要自己和孩子们深刻领会这些信念。每次上楼从文化墙旁边经过,我都会看墙上的画,它们提醒着我想要成为的人、在生活的忙碌中我有时会忘掉的自己想成为的人。

你应该有策略地让自己的环境布满这种元素,提醒你想要成为的人,帮助你成为想要的未来自己。

对惠斯勒来说,玫瑰图不只是玫瑰图。它成了一个对他有深切意义和内涵的符号。他看着这幅画,身份认同和情绪就会立即起变化。他可以从不自信变得有本领、有干劲。他一瞬间感到了未来和目标的力量。他的情绪变了,他能够以赋能的自我进行艺术创作。

这就是记忆策略的力量。

第六章 重塑环境：让所在环境与你的目标一致

如果你要创造出富有意义与成长的人生，那就需要主动用**转化触发物**来设计自己的环境。这与大多数环境的设计截然相反。大多数环境充斥着负能量触发物，给人带来不好的、纠结的情绪。

相反，你要创造能够触发未来的你而非过去的你的事物。想一想吧：你有策略地设计了自己的环境，让环境提醒你未来的自己。记忆不一定只与过去有关。

> **自我检测**
>
> 你可以在环境中布置哪些转化触发物？
> 你会把这些提醒你未来自己的物件放在哪里？

睁开双眼，看一看你创造出的周围环境。你还挂着大学时的演唱会海报吗？你展示的艺术品、照片和其他符号是否能激发未来自己的心态和行为？你的环境是催人奋进，还是拖人后腿？

如果你真心想成为未来的自己，那就需要一个能提醒你想到未来的自己的环境，而不是过去的自己。没有不断提醒，目标就不会实现。所以有人才会每天写下自己的目标。他们要记住自己要去的地方，就像飞机起飞后要不断更新航线信息一样。

不要弄得太复杂。比如说，你可以在方向盘或者浴室镜子上贴一张便利贴，提醒你不想忘掉的事情，比如"告诉妻子你爱她"。

把电脑开机密码改成一句未来的你会说的话。

把电视机移开，不要让它成为家的中心。把电视送走，换成一件更好的东西会更好。

把手机上的社交媒体应用软件全都删掉。

看看自己的衣柜，把未来的你不会再穿的衣服都扔掉。

你可以让环境里充满提醒你自己的最高目标和最高愿望的事物。你也应该这样做。

忽视策略：学着对你的关注点做减法

> 输入决定视野。视野决定输出。输出决定未来。
>
> ——齐格·金克拉（Zig Ziglar）

世界上有许多垃圾。互联网上大多是低级消遣或污秽内容，你根本不需要了解，也不必想要去了解。

大部分电影毫无意义。

大部分新闻与你的处境无关。

第六章 重塑环境：让所在环境与你的目标一致

大部分人不契合未来的你。

当今世界看似有无穷多的选项。选项多了，要做的**选择**也就多了。这可能看似是一件好事，但对大部分人来说，其实并非好事。要做更多选择意味着要做更多的决策，而正如前面讨论过的，决策疲劳会让你陷入恶性循环。你每天遇到的大量选择不过是没有出口的无底洞。你需要的不是向更多选择敞开大门，而是自信而审慎地关上大多数的门，你根本不需要意识到它们的存在。

这件事对未来的我是有所增益还是有所减损？

一旦你认真地想要成功和改变，关注错误事物的成本就太高昂了。心理学家巴里·施瓦茨（Barry Schwartz）在《选择的悖论》（*The Paradox of Choice*）一书中解释道：

- 我们以为选择多了意味着会有更好的选项、更高的满意度。
- 但是，选择过载甚至会让你在做出决策之前就质疑自己的决定。
- 选择过载会让你永远处于"害怕缺漏"的状态——一直回头看，一直质疑自己做出的决定。
- 这会让你一直处于紧张状态，你会一直觉得自己不行、一直质疑自己做出的决定、一直在想"假如"。

有选项是好事。没有选项就没有所谓的选择。但是，世界上最好的决策者会有意识地回避几乎所有选项。Basecamp 公司创始人杰森·弗里德（Jason Fried）说过："我会有意识地无视许多事情。我不想受到那么多影响。"

说出"这就是我的决定。我要坚持它。我是认真的。所以，我要马上对其他一切关上大门。我需要专心。我不能被其他人的噪声和议程打扰"是需要信心和勇气的。

如果你对达成目标、有意识地实现人生进步是认真的，那就必须创造出一个为你挡掉世界上大部分事物的环境。

忽视策略不在于封闭思想，而在于知道你要什么，也知道你作为一个人很容易动摇或走上歧途的事实。不要让自己陷入愚蠢的境地和因为没做好计划而被迫依赖意志力，而要避免落入这些境地。你甚至要回避一些优越处境，因为你知道它归根结底会干扰你朝向你想要的未来自己的努力。

你要建立边界。

你要有轻重缓急，要活出自己的价值观和梦想。

彼得·迪亚曼迪斯，作为全球首屈一指的创业与创新未来领域的专家，曾经说过："我已经不看电视新闻了。他们给我的钱不够多。"在他看来，负面和新奇的事情很容易引诱人。

迪亚曼迪斯是对的。新闻并不客观，而是基于选择性关注的视角。当你看新闻时，你看到的是一则故事、一个看待

第六章 重塑环境：让所在环境与你的目标一致

世界的主观视角。你可以选择相信那则故事，但如果你相信了，你的身份认同和目标都会受到新闻视角的局限。

迪亚曼迪斯在有策略地无视。他创造了一个环境替他挡掉新闻媒体的干扰与消极内容，同时通过专门、认真的调研来了解他关心的话题。

成为一名有创造性的成功人士需要选择性忽视。另一个例子是赛斯·高汀（Seth Godin）特意不看自己的书在亚马逊上的评论。他以前会看，但看了只是难过和自我怀疑。所以他现在已经不看了。

高汀在选择性忽视"喷子"说的话，结果是他过得更好了。他不需要那些垃圾进入他的头脑，扰乱他的身份认同和使命。

选择性忽视不是回避学习，不是不接受反馈，而只是明白为某些人和某些事投入精力不值当，是知道要回避什么。

毫无疑问，高汀会接受对自己作品的反馈，但反馈是来自他看重的、帮助他写出**更好作品**的来源。他会接受最终会让他进步而不是把他毁掉的反馈。

迪亚曼迪斯对当下事件和世界大事有清楚的认识。他是一名为世界带来改变的未来学家，这对他很重要。但他的信息来自他看重的来源。他已经设计出了一个让他只会接触到最优质信息的环境。他有策略地对其他一切保持无知。

如果你真的想成为未来的自己，那就一定要运用选择性忽视策略。你的输入塑造着你的身份认同、生理状况与性格。当你改变输入时，这些都会随之变化。

就心理层面而言，如果你不知道一件事，那很可能就不会受它诱惑。如果你看见台上有一盘曲奇饼，你就不再不知道它了。如果你没有预先下定决心的话，你就会被情况打败。而如果你让自己的环境里没有曲奇饼，那就不必应对决策疲劳和意志力耗尽的问题了。你不需要浪费时间去考虑你已经知道自己不想要的东西。

如果涉及机会问题，聪明的做法是定好制度，这样就不必权衡每一个决策了。比方说，我和我的助理制定了一套规则来处理她收到的机会。如果机会不符合我的标准，她就不拿给我看，而是直接友善地回复邮件，告诉发件人我现在不能专心做这件事。

当然了，与查理·特罗特餐厅里的穷孩子一样，你要接触更高级的新生活方式。成长和转变需要意识到你现在没有意识到的事物。忽视策略是有意识地忽略或屏蔽你已经知道会对未来的你起干扰或不利作用的事物。你的过滤器要确保你只接触到正确的新事物。过滤器永远不会完美无缺，但你的制度和你自己的直觉会越来越好、越来越快地排除干扰。

为了创造出屏蔽世间纷扰的环境，你需要知道自己想要

第六章 重塑环境：让所在环境与你的目标一致

什么。你需要知道自己主张什么。你需要有规则和制度使你免于陷入充满污秽的泥潭或有无尽机会的迷茫中。

你需要做出一个决定，这个决定能够让你或更轻松做出决定或更容易自动排除其他一百万个决定。你要这样来消除决策疲劳。你要这样来屏蔽那些不断涌入并消耗你的时间和关注的信息和议程。

如果你真的想成为未来的自己，那就需要创造出一个采用忽视策略的环境。想一想你现在接收到的种种不利于未来的你的信息。

> **自我检测**
>
> 如何不依赖意志力就对这些信息保持无知？
>
> 你在人生中的哪些领域需要运用忽视策略？
>
> 你现在可以做出哪些能够消除决策疲劳的简单决定？
>
> 你现在对哪些不应该了解的事情有了解或过度了解？（想想消遣话题——对我来说是赛事分析和明星动态。）
>
> 你的世界中还需要消除哪些让你分心的事物或者你不想要的诱惑？

约束情形：逼自己一把，才能看到更多潜能

> 如果有需要，如果情况需要，普通人的能力可以翻倍。
>
> ——威尔·杜兰特（Will Durant）

克里斯蒂娜·托西（Christina Tosi）生于俄亥俄州，在弗吉尼亚州斯普林菲尔德市（Springfield, Virginia）长大。她有数学学士学位，但不确定那是否是自己想做的。母亲教导她不管做什么事都要全心全意，于是她决定全心投入烘焙事业。

托西移居纽约，参加了法餐学院的艺术甜点项目。她的餐饮生涯起步于高档餐厅布莱（Bouley）餐厅，之后又进入由著名主厨怀利·迪弗雷纳（Wylie Dufresne）在曼哈顿经营的 wd~50 餐厅。

托西的精勤打动了迪弗雷纳，于是他推荐她到另一位纽约名厨戴维·张（David Chang）手下工作。张没有让她上红白案，而是让她起草食品安全方案、协助处理纽约市卫生局（the NYC Department of Health）的管理要求。

托西开始把自己在家做的甜品带到餐厅，分给同事一起吃。每个人都惊呆了，包括张。张的菜单上没有甜品，并且他也喜欢托西的风格，于是他多次坚持要在餐厅里供应她的

第六章 重塑环境：让所在环境与你的目标一致

一款甜品。但她胆小又害羞，不相信自己。

她依然坚持为餐厅同事制作独特、巧妙、美味的甜品。知道她自己做不到，于是有一天，张给了她三个小时创作一款甜品，不管做成什么样，直接放到当天的晚餐菜单上。

他是认真的。用他自己的话说，"我必须把她推下悬崖。她自己做不了"。

在接下来的三个小时里，托西创作了一款精妙的草莓奶油蛋糕。餐厅的客人大吃一惊，不只是因为菜单上有甜品了，而且因为这是真正独特杰出的甜品。

从那一刻起，托西就在桃福菜包肉餐厅（Momofuku Ssäm Bar）做烘焙师了。几年后的 2008 年，桃福餐厅旁边的店面空了出来。张和其他人早就看出托西特别有热情、特别敬业，而且特别有天分。

张还发现她需要有人推一把。她光靠自己是不会纵身一跃去追求梦想的。他再一次把她"推下悬崖"，激励她自己开店。她将店起名为牛奶烘焙坊（Milk Bar）。她的店一炮走红。截至 2019 年，牛奶烘焙坊在北美各地有 381 名员工，托西的第 16 家牛奶烘焙坊在波士顿开业。

但假如戴维·张没有逼迫她追求梦想的话，这一切都不会发生。张给托西三个小时创作甜品就是一项**约束情形**——他创造了一种迫使她站出来的情形。

约束情形指的是任何逼迫你采取行动、产出成果的情形。在约束情形下,你只有一个选项,那就是你想要的选项。你设计出这种情形来逼迫你走上自己想要的方向。

托西正是如此。她内心深处想要为更多人制作甜点。张设计出一种情境来逼迫她迈出那一步。

约束情形是为了清除你以前的自己,或者生活中无处不在的干扰因素。你在创造一种适合未来自己的情形,这种情形让你不得不现在就以未来的自己示人。

尽管常常会遭到你自己的抵触,在生活中加入约束情形却能确保你不偏离方向。约束情形需要有时间限制,从而激发帕金森定律(Parkinson's Law)。这条定律的意思是,只要还有时间,人就会磨洋工。你给了自己一个期限,就不得不在期限前得出一些成果,否则就全白干了。

将约束情形嵌入生活的方法是建立更快的、责任重大的反馈回路。成果所负的责任一定要大,否则约束情形就不够有力。对托西来说,她赌上了自己的骄傲和餐厅的声誉。她不仅要为自己努力,也要为整个团队和赞助人努力。

在摩托车越野赛或滑雪等极限运动中,内在的危险性和即时的反馈都是强大的约束情形。如果越野摩托车车手在21米的高处后空翻失败,结果可能就会丧命。约束情形要求极高的专注和投入——目标是心流和卓越。

第六章 重塑环境:让所在环境与你的目标一致

你应该设计和加工生活中的情形,以便完全浸入你所做的事。你要不得不拿出最优秀的成果,因为拿不出的话会有高昂的代价。

你对自己想要的改变是认真的吗?

你愿意启动约束情形吗?

约束情形是严肃的,但也可以是有趣的。它其实是将生活游戏化的一种方式,而且会赋予你极强的成功激励。

最有效、最强大的约束情形之一是投资。投入金钱会让你更加坚定。行为经济学家将这种现象称为"沉没成本偏误"(sunk cost bias)。你会坚持自己投资的项目。这常常被描述为谬误或错误思想,你会在钱打水漂后继续投资,或者只因为付了钱就坚持看完一场你讨厌的演出。

但你也可以利用它造福自己。举个例子,我和朋友德拉耶交了800多美元报名参加铁人三项赛。我以前从没参加过,但我们想疯狂一次,我们也知道要想认真起来,唯一的办法就是交报名费。

于是我们咬牙撑住了。

我们创造了一个约束情形。

但神奇的地方在于,投资不仅会带来决心,也会**提高想象力**。报名铁人三项赛之前,我对这件事只有消极的看法。我有些朋友参加过一次,我有点好奇,但没有当真。

性格修正

但一旦付钱了,**我就开始想很多关于铁人三项的事**。我开始在头脑里看到自己参与铁人三项的样子——练习,然后完成。我眼里的自己成了一个**有能力**当"铁人"的人。

最初的投资开始塑造我之后的行为。我购买并听了讲耐力赛的有声书,它为我输入了新的思想。我搬出了已经积灰六年多的公路自行车。

我关于铁人三项想得越来越多。我的想象力和行为开始塑造我的身份认同。我的行为和其他输入在滋养这个新的身份认同。我将健身方向从力量训练转向有氧训练。

这都起于一个约束情形。

> ● 自我检测
>
> 你要如何将更多约束情形嵌入生活,以确保自己成为想成为的那个人?
>
> 你可以创造出哪些会带来有力成果的情形?

第六章 重塑环境：让所在环境与你的目标一致

📎 本章结语

如果我们不创造和控制环境，环境就会创造和控制我们。

——马歇尔·戈德史密斯（Marshall Goldsmith）

对个人来说，环境是最强大、最重要的影响因素之一。如果你对改变自己和改变人生是认真的，你就必须改变自己的环境。

你是所处文化与情境的产物。你是你接收的信息和输入的产物。一切进入的东西——食物、信息、人、经历——都在塑造你。第一步，认识自己的情境及其对你的影响。第二步，有策略地处置自己的环境与情形。

不要让环境和境遇反映你的身份认同，而要设计自己的环境，让它反映未来的你。要让环境成为一股水流，推着你前进，而不是把你往后冲。

当你改变了自己的环境时，你的一切都会逐渐变化。你会开始拥有新的经历。你会有新的思想和情绪。你会结交新人。你会做新的事情。

你的身份认同与性格会发生变化。

性格修正

> 你可以选择你想要的性格。性格不是固定的。性格不是你必须有的,哪怕你从来没有选择另外的性格。
>
> ——韦恩·戴尔(Wayne Dyer)博士

结　语

拥抱未来，改变过去

生活是简单的。一切都是有意义的经历，而不是遭遇。

——拜伦·凯蒂（Byron Katie）

2000 年 5 月 19 日，梅丽莎·赫尔（Melissa Hull）待在亚利桑那州尤马市（Yuma, Arizona）的家中，她的丈夫已在凤凰城（Phoenix）出差数日。梅丽莎筋疲力尽。她三岁大的儿子德温病得很重，睡不好觉。梅丽莎给丈夫打了好几次电话，但就是联系不上。

大约早晨五点钟，梅丽莎四岁大的儿子德鲁准备起床。梅丽莎给德鲁做了早饭，让他看《托马斯和他的朋友们》（*Thomas & Friends*）、玩蜡笔。接着，她去查看德温的情况，结果躺在他身边睡着了。她从大约从 5 : 30 睡到了 7 : 30。

醒来时，她胃里一阵难受，她觉得出事了。屋子里静悄悄的。德鲁一般挺闹腾的。梅丽莎开始在家里四处找德鲁。

15分钟后,她注意到玻璃推拉门被拉开了,知道他跑到了外面。

她透过家门外的树,在农舍周围的泥土路上看见了德鲁的脚印。她跟着泥里的脚印一直走,来到了家附近的一条灌溉渠。她看到了德鲁走在上面的垮了的土坝和他掉落后水渠两边溅出的水花。

她开始高声呼救。不久,一位边境巡警发现了她。接着,搜寻行动开始了。七个多小时后,德鲁的尸体在离家八英里外的地方被找到。

在这七个小时里,梅丽莎被警察、丈夫、其他家人反复盘问。**到底发生了什么?** 他们都想知道。

德鲁被发现后,问题依旧接踵而至,但语气却变了。

你怎么会让这种事发生?

丈夫将儿子的死归咎于她,并在一个月后就离开了。梅丽莎的整个世界都在恶化。她的身份认同受到重创。她感觉自己不是个好妈妈。她恨自己。她认为是自己害死了德鲁。她感觉自己已经失去了一切——儿子、丈夫、她自己。

她的心情已经比谷底还低了。

她剧痛无比,自己几乎下不了床。她不吃东西也不洗澡。她白天尽可能照顾德温,但除此之外就一直躺在床上。

晚上下班后,梅丽莎的丈夫乔伊会把德温接走,陪他几

结 语 拥抱未来，改变过去

个小时，然后送回梅丽莎家睡觉。但这独自一人待在家中的几个小时里，梅丽莎经常喝酒或吃止疼片。这是伤她伤得最深的阴暗痛苦时刻。

意外发生几周后，梅丽莎生活中的大部分人都回归了正常生活。但她仍然在打一场无声的战斗。关心她的人看得出来她在挣扎，但不知道如何帮她，最后只得躲着她。梅丽莎曾向神职人员和心理医生求助，但全都没有用。

德鲁死后过了几个月，乔伊下班后接走了德温，但第一次没有把他送回来。梅丽莎整晚一个人在家。她准备自杀。

她存了一瓶医生开给她的止疼片。她想服下药，喝很多酒，然后上床睡觉，再也不醒来。她觉得自杀是她能对德温做的最好的事，这样他就不用看着妈妈日益憔悴了。

走进厨房拿药和酒时，她在台子上看到了一摞慰问信。过去几个月里，她收到了很多在新闻里看到她的故事的陌生人发来的信件。她拆开一封，是一个名叫特蕾莎的陌生人写的。

特蕾莎在信里告诉梅丽莎，她女儿六岁时被卡车撞死了。当时特蕾莎只是进屋待一小会儿，结果惨剧就发生了。特蕾莎写道，她一开始将女儿的死归咎于自己，过了很久才不再这样想。她鼓励梅丽莎别再为此责备自己。她说梅丽莎是好妈妈，悲剧只是意外。她写道，梅丽莎的生活中仍然可

241

以有开心与快乐，但梅丽莎必须自己选择快乐，日复一日地选择快乐。

信读罢，梅丽莎崩溃了。她拿起德鲁的照片抱在胸前，哭了好几个小时。她把封锁心中的痛苦与情绪全都发泄了出来。

这封信给了她希望。那是她生活的转折点，恰好在她需要的时候来到。特蕾莎是她的共情见证者。她感觉自己被倾听、被看到了。

她把止疼片冲进了下水道。

她本来要给德温写一封诀别信，现在则改成了道歉信，并对儿子许下了承诺。她为自己在德鲁死的那天早晨睡着了而道歉。她为德温在成长过程中失去了哥哥而道歉。她还为自己在德鲁死后几个月里的表现以及她的哀伤而道歉。

她向德温保证会尽可能当他最好的妈妈。她向他保证生活会好起来。她感谢他成为自己努力活在这个世界上的原因。她为自己将来可能会过分依赖他而道歉，因为他是她活下去的理由。她把心掏了出来。

十年后，德温13岁了，梅丽莎觉得他做好准备了，于是在圣诞节那天把信交给了他。尽管她收藏这封信已有十年，但她一直忠实于自己写下的诺言。特蕾莎的信挽救了她的性命，改变了她的生命。她经历过起起伏伏，但她有向前生活的希望和意义。

结 语 拥抱未来，改变过去

这时发生了另一件事。

她把信交给德温后不到一年，梅丽莎和乔伊得知乔伊的助理在过去十年里贪污了上百万美元的公款。在接受警方讯问时，梅丽莎被告知丈夫与那个助理有染。梅丽莎不相信。

接受讯问后的第二天晚上，她回家跟乔伊讲，警察问了她不可思议的问题，说他有外遇。他没有正眼看她，眼睛还继续盯着电视机。

"是真的。"他告诉她。

梅丽莎瞬间心下一沉，话语脱口而出。

"我的天啊，德鲁死的时候你跟她在一块儿！"

整个世界好像一下子砸在了她身上。她几乎痛得无可忍受，心碎，战栗。她记得当时给丈夫打了一早上电话。德温病了，乔伊就是不接电话。

原来他的外遇史有12年多了。因为他自己的罪过和耻辱，他让她过上了生不如死的日子。他将德鲁的死归咎于她。他让她觉得自己比尘土还要卑微。

之后18个月里，梅丽莎忙于处理贪污和外遇的法律事务。审判临近结束时，她的律师告诉她："亲爱的，我干法律这一行有40年了，从来没见过你这样的故事。你应该写一本书。"

她做了考虑，决定回头梳理一遍自己的日记。翻看旧日

243

记时,她看到了一个经历了巨大痛苦、迷乱与创伤的女孩。她一边读日记,一边写日记,一边做长时间的祈祷,于是一场"范式转换"发生了。

她开始用另一种眼光看待自己的过去。她在人生的大部分时间里都觉得自己是受害者。她感觉自己被神诅咒了。但在阅读旧日记和反思自身经历的过程中,她看待往事的方式不一样了。**她看到的不再是诅咒,而是褒扬。**

"神真的信任你,"她心里想,"我经历的一切都是神的极大褒扬,不仅是因为我应付下来的事,更是因为神要我做的事。"

这是每一个人都需要做出的重大的根本性转变,包括你在内,如果你真的想脱胎换骨的话:过去不是遭遇,过去是有意义的经历。

生命中的一切都是**有意义**的经历。

你是受益人。

你获得了许多。

你学到了许多。

正因为你经历的种种苦痛磨难,你才有了强大的使命。

梅丽莎发现丈夫有外遇是在 2011 年。2014 年她动笔写书,2016 年书得以出版。她已经完全不是那个于早晨在静悄悄的家里醒来的人了。

结　语　拥抱未来，改变过去

用她自己的话说，"我现在有了使命。我要将终生奉献于帮助其他感觉不到被倾听的人"。

使命是梅丽莎的动力，而不是"性格"。使命驱动她做出了远远超出舒适区以外的事情。使命转变了她和她的性格。

多年来，她一直试图联系上特蕾莎——她的共情见证人。她在社交媒体上发表公开声明，但还是没有找到。不论如何，那封信都给了她希望，改变了她的人生。现在，梅丽莎的全部使命就是让失去希望的人重获希望。她想分享自己的故事，为人们提供与内心沟通的空间。她的书和故事就是她写给世界的"信"，因为以前那封信拯救了她的生活。

我问梅丽莎现在最大的变化是什么，她说她现在愿意介入他人的问题了。在这些转化经历之前，她只会从有困难的人身边走过去。她忙着处理自己的麻烦事，没心思关注别人，但现在的她渴望帮助他人。

我问她未来的自己是怎样的人，她说未来的自己会是一个强大的、向善的人。她眼中未来的自己会是一位带去希望和疗愈的勇敢信使。她会激励和帮助世界各地的许多人。

我问她这些年里，她的故事和她的过去有什么变化，她说唯有无限的感恩。她感觉自己经历的一切都是有原因、有意义的。尽管她有过地狱般的经历，但她感觉一切都是值得的，因为她现在的每一天都很美好。

245

她最近与一对夫妇谈话,两人的女儿在划船时意外丧生。她经常做这样的谈话。她每天都是一位共情见证者。在她看来,如果没有当初的经历,现在的一切都不可能发生。

她爱她的过往。

她爱她的生活。

她和乔伊原谅了彼此,各自向前。梅丽莎告诉他自己要写一本书,详尽讲述自己的个人生活与婚姻生活,他给予了完全的支持。作为家人,他们已经达成了和解。

他们的未来比过去更加光明。

他们的未来会继续改变他们的过去。

现在该你了

> **自我检测**
>
> 既然你已经走到了这里,那么问题是,你现在要怎样做?你要坚持过去的自己,还是做契合未来的自己?
>
> 你是否要用好性格的四大影响因素,创造你想要的巨大改变?
>
> 你是否要不断延伸自我——不断想象和成就新的自己?

结　语　拥抱未来，改变过去

我们已经谈了许多。我们讨论了创伤、故事、潜意识和环境，以及这些力量如何将你困在反复的恶性循环中。我们还讨论了性格文化中常见的谬误，一旦你接受了这些谬误，你的人生就会走向平庸和"普通"。

现在，你具备了提升想象力、激励、信念与勇气的能力。你具备了拥抱未来、改变过去的能力。

本书通篇向你提出了数十个问题。请回顾一遍，在日记本上作答。每天都用日记来想象、设计和谋划，创造并活出你最远大的梦想。

性格并非永恒，而是一种选择。

你的性格可以发生急剧的变化。人生梦想终将变得习以为常，变成你的新常态。一旦你实现了自己能想象到的最远大的未来自己，请怀着从中获得的信念，再次开始攀登，追求更美好、更宏伟的目标。

生活是一方讲堂，是你成长的地方。你来到这里，是为了怀着信念去设计生活。你来到了这里。你要做出选择。

选择是属于你的。

你会成为谁？

致　谢

写这本书是我做过的最困难的事情之一。出版日期被编辑推后了两次。在长达一年的出版过程中，编辑对我极其耐心。在此感谢阿德里安·扎克海姆和 Portfolio 出版公司团队全体同仁对本书的大力支持。

我要特别感谢考希克·维斯瓦纳特。你在我还没有出版过书，甚至连代理人都没有的时候发现了我的电子书《帮你欺骗时间》(*Slipstream Time Hacking*)，而且看到了其中的潜力。感谢你将本书提升到了我自己不可能达到的水准。感谢你鼓励我去正确和清晰地思考，从来不让我感觉自卑或无能。在写这本书的过程中，我有过许多次自我怀疑。尽管你可能也有过怀疑，特别是在这本书开始简直"没有书的样子"的时候，但你丝毫没有表现出来。我也要感谢参与本书编辑工作并支持我按时完稿的海伦·希利!

感谢劳丽·利斯,你是一位非常好的朋友。感谢你担任我的代理人,看到了连我自己都没看到的潜力。感谢你不断提升我的作品,而且在我成长为专业作家的过程中保持耐心。感谢你打来的每一通电话,感谢你的爱与支持。我无比感恩你出现在我的生命里。

感谢塔克·马克斯,你对本书的参与真是雪中送炭。与你共事让我经历了多年未曾有过的笔力飞升。你让这本书的写作再次有趣起来,你向我展示了不一样的、更好的写作思维。我很荣幸有你参与编辑和全程指导本书,这些让我大开眼界。与你在三周时间内切磋完成本书第一版完整稿的过程是我有生以来最有趣味的写作经历。感谢你,我的挚友和导师。

感谢哈尔·克利福德协助梳理本书的结构与思路。你用两周时间完成了我将近一年都没有做成的事。由于涉及许多方面的艰深概念,所以本书很难整理出一个结构。在一开始的大约十个月里,我创作了大概有30多版不同的目录和结构,没有一版感觉对路。我觉得书不对劲了,而且我开始失去写作的初衷了。但你帮助我回归要旨,帮助我搭建了整体思维框架,为我和塔克的写作过程带来了极大便利。再次感谢。

致 谢

感谢瓦妮萨·奥布莱恩、罗莎莉·克拉克、安德烈·诺曼、纳特·兰伯特、简·克里斯蒂安森和梅丽莎·豪尔允许我在书中使用你们的故事。如果没有你们的故事,本书的理念就会少了几分力量和实用性。感谢你们允许我提问。感谢你们的开放与信任。

感谢罗伯特·辛克莱博士在本书写作过程中给予我的学术指导,帮助我顺利取得克莱门森大学(Clemson University)产业与组织心理学博士学位。尽管你或许对本书的不少内容持有异议,但我会永远感谢你在我做的每一件事中的贡献。由于犯过一些愚蠢的错误且未能融入学术体制,我险些被博士项目开除。你看着我一次又一次犯错,但仍然给了我完成学业的机会。获得博士学位是我人生中最重大的成就之一。我基本是一边写作本书,一边完成了整篇博士论文。如果没有你对我和我的目标的耐心、善意和大度,我绝不可能把博士读完。鲍勃[1],谢谢你。

感谢乔·波利什,是你开启了我 2017 年以来生活上发生的一系列变化。感谢你允许我在天才联盟年度大会上致辞。感谢你支持和帮助我所做的一切。感谢你与我真心相交,诚意合作。你是我所知道的最了不起的"给予者",谢

---

1 美国人习惯将罗伯特(Robot)简称为鲍勃(Bob)。——译者注

谢你。我知道我们在 E. L. F. 项目上合作的日子还很长。我已经等不及了！

感谢丹·沙利文和芭布丝·史密斯在本书写作过程中对我的耐心。我们本来要合写《谁来做而不是怎样做》(*Who Not How*)一书，但因为本书难产只得推迟。在讲述丹的生平的纪录片《游戏颠覆者》(*Game Changer*)中，战略教练公司的联合创始人芭布丝这样评论他："他有一种特别的时间观，帮助人们自己掌握时间，而不是被世界强加时间。'你的窗口期就是现在。''你一定要马上行动。'他会说，'不，你不一定。'"我对此有亲身体会。丹，感谢你教我十倍思维法和百倍合作法。感谢你与我建立了 25 年的合作计划。我们一定会大获成功。

感谢里奇·诺顿、理查德·保罗·埃文斯、韦恩·贝克、杰森·科曼、德拉耶·雷德芬、查德·威拉德森、惠特尼·毕晓普、奥布里·勒丁顿、埃里克·麦基宾、艾伦·伯恩斯及琳达·伯恩斯夫妇、罗斯·奥尔雷德及克里斯·奥尔雷德夫妇，以及其他每一位我的公私生活中重要的人：**感谢你们的爱与支持！**这对我意义极其重大！

感谢凯·安德森及贾内·安德森夫妇允许我与你们的女儿结为伉俪。感谢你们给了"白色"人一个机会！感谢你们在我创造梦想的过程中给予我的每一份爱与支持。你们的爱

致 谢

与支持——包括精神支持与经济支持——对我一路以来的成功至关重要。我为生活中拥有二老这样了不起的人而心怀感恩。你们与我的每一次交往都让我欣喜。

感谢我的父亲菲利普·哈迪和母亲苏珊·奈特。感谢你们将我带到这个世界上。感谢你们对我无条件的爱、对我的目标和梦想的一贯支持。你们是我最好的朋友和最重要的激励者。感谢你们过去和将来对我的教导。感谢我的弟弟特雷弗和雅各布。我对我们真挚的兄弟情心怀感恩。感谢你们对身为长兄的我的同情与耐心,尤其是在我们最艰难的日子里。我当初并没有当好你们的哥哥,但现在回头看,我认为我们对自己的过去都多了几分理解与同情。我永远爱你们。

感谢我的妻子劳伦。感谢你容忍无数个我远游或熬夜写作的夜晚。感谢你为我们的生活带来并保持了秩序。感谢你做我坚强的后盾。感谢你对我的信念、爱意、大度、体贴和耐心。我每天都更加爱你。我希望我能成为你值得拥有的男人,成为你心目中的男人。感谢我的孩子卡莱布、乔丹、洛根、佐拉和菲比。感谢你们激励和鼓舞着我。感谢你们容忍我这位不完美的父亲。我非常爱你们每一个人,我很喜欢做你们的父亲。你们每天都在激励我变得更好。

感谢天父天母赋予我生命。感谢天地万物。感谢这段经历让我学习和改变。我知道我真的是你们的孩子,我总有一天能够变得像你们一样。感谢你们一直与我同在。感谢你们引导我。感谢你们赋予我生活中的一切。感谢你们转化我的过去、引导我的未来。